空間變大、機能也滿足

U0041734

房子再小都好住，
小宅設計規劃書。

漂亮家居編輯部 著

Contents /
目錄

Chapter / 3

還在擔心東西沒有地方收！？
超強多機能設計，不只好收更好用

Point 1　多機能設計，這樣做才好用

Chapter 1

還在擔心房子太小不夠住！？
做好格局動線規劃，坪數再小也好住

格局規劃，這樣做會更好

格局是規劃空間最重要的一環，格局的好壞不但關係到動線的流暢度、光線的穿透範圍、居住的舒適性，小坪數更需要從居住者的角度出發思考生活習慣，再搭配合理的空間規劃原則縝密思考格局的規劃，創造小坪數的最佳空間感。

[困境1]

✕ 號稱3房，結果每房小到只能放張床

> 房間也太小了吧！

> 難得的小三房，不買可惜。

[破解]

◎ 減少一房，找回合理、適宜的生活空間

一般新成屋建商為了用房間數吸引消費者，往往在有限坪數內規劃不合理的臥房數量，使公共空間切割得過於零碎，臥房坪數因此太過狹小，甚至只有1張床的大小沒有任何走道及迴轉空間。建議空間以實際居住人數及使用需求規劃臥房數，將多餘不必要的隔間移除重新整合出每個空間適宜的坪數。

圖片提供＿實適空間設計

 手法 1 | 移除不必要臥房，公共空間更為完整

根據居住人口重新配置格局，移除原本與客廳相鄰的多餘次臥，減少過多隔間造成的零碎空間及廊道浪費，因視野廣度提升有放大空間的效果，方整格局更加好運用，整個公共空間除了客餐廳外也能依生活需求整合書房，而空間採光也因為原本次臥窗戶的加入感覺更為明亮。

手法 2 | 廚房與客餐廳整合，增添居住生活感

傳統老屋常有廚房位在陰暗角落的問題，不但使用動線不佳也無法切合現代生活型態，將廚房移至公共區域取代原本不必要臥房的位置，構成客餐廳結合廚房LDK式的開放空間設計。不過有熱炒習慣的人，開放式廚房的油煙問題是需要和設計師討論克服的地方。

圖片攝供＿實適空間設計

―| 內行人才知道 |―

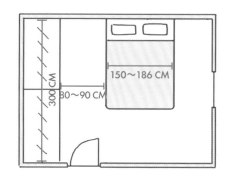

房間大小是算出來的

以主臥房來舉例，從實用角度配置傢具包括床組、床頭櫃、化妝桌及衣櫥，由這些大型傢具來計算，若是夫妻，標準雙人床尺寸為150×186公分，共同使用一個衣櫃寬度最少要300公分，衣物收納機能才會足夠，同時也要留出至少80～90公分以上的走道寬度，整個換算下來，一般雙人臥房最少要3～4坪以上才是具有舒適感的合理使用坪數。

[困境 2]

挑高做夾層，收得費力，住得也不舒服

[破解]

高度有學問，尺寸算對，怎麼做都好用

　　挑高空間做夾層設計以創造坪效，是小坪數套房常見的格局規劃，但是並非所有的挑高都適合規劃夾層，由於空間高度至少要達2米1～2米4居住生活才不會有壓迫感，一般建商號稱3米6空間高度扣除20公分樓板厚度以及2米1的正常站立高度，推算下來上方夾層只剩1米3，這樣的高度完全無法站立，需要採不舒服的彎腰或跪姿，若要作為收納儲物間，又有深度過深不方便拿取的窘境，因此規劃挑高夾層務必精算扣除樓板厚度的實際樓高，思考樓梯位置及結構強度，最重要是考量居住舒適度；要注意的是，依政府規定挑高樓層低於4米2只能做使用率較低的閣樓或儲藏室。

圖片提供__A Little Design

◎ **手法 1** | 局部夾層設計，保有挑高舒適空間感

挑高小坪數由於平面使用空間有限，可利用高度爭取空間使用坪效，但建議不要整個樓面全部作滿容易產生壓迫感，擷取整體空間的1/3規劃夾層位置，保留局部挑高空間的垂直向度，讓小坪數仍有開闊感，同時也要注意樓板規劃的位置，如果樓板規劃在單邊採光的窗邊，可能會遮住主要光線使空間昏暗，儘可能引入充足光線，讓空間因明亮而顯得舒適寬敞。

◎ **手法 2** | 規劃高低層次，讓使用方便性大加分

要將生活所需機能塞進有限空間裡，小坪數更需縝密精算尺寸及使用安全。一般挑高空間會將公共空間留給樓下，較矮夾層的部分就規劃成臥房、更衣室或是收納間，高度不夠的夾層可以利用高低層次，在落差之間的空間規劃收納機能，巧妙利用透明隔間及鏤空建材，創造使用空間的同時也能顧及美感。

圖片提供__工作室

—— **內行人才知道** ——

圖片提供__深活生活設計有限公司

3米6、3米4，差了一點其實差很大

高度3米4、3米6、4米2是較常見的挑高尺寸，而這只是指上下樓板中心點的距離，所以室內真正的淨高必須要扣掉樓板及鋪面大約20公分左右的厚度，因此3米6實際高度是3米4，4米2大約只有4米，如果是10樓以上還需計算消防管線所佔據的空間，因此挑高至少要4米2以上，才有可能上下空間都能站立走動而不至於有壓迫感。

有了開放沒了隱私，公私不分無法放鬆待在家

[破解]

設計靈活的彈性隔間，保有隱私，親密時光不受擾

　　規劃開放式格局是放大小坪數空間常使用的手法，透過開放式格局創造出自由流暢的動線和視線，平時自家人生活時能無拘自在穿梭，但是一旦客人來訪，無阻隔的開放式空間反而令人感到不自在，甚至擾亂了生活作息；對應這種非常態性的生活需求，可以用更彈性的設計手法來解決，例如運用拉門或者折門將較為需要隱私的空間區隔，就能依需求調整開放或關閉，也不會影響平日生活動線。

◎ 手法 1 　創造公共區域與臥房之間的動線靈活性

由於使用空間有限，小坪數空間在規劃上會儘可能減少隔間，使動線和視線上保持開闊，以整體空間來說，將格局規劃為回字形動線，串連起客廳、餐廳及主臥，架高量體既是沙發也是榻榻米座席，雙邊出入口讓動線流暢不阻礙，可以自由穿梭，然而當朋友來訪又能隨時關起拉門，讓臥房成為獨立的私密空間。

圖片提供＿甘納空間設計

◎ 手法 2 　視小朋友成長階段善用活動拉門變換空間

對許多有學齡前兒童的小家庭而言，小朋友照顧的方便性成為空間規劃的重點需求，以中長期居住時間來思考空間，未上學的小朋友需要日夜看照，因此讓主臥房與小孩房皆採取玻璃門片的設計，除了可隨時就近照顧之外，小孩房的一扇門片可收折開啟，與公共廳區串聯，增加遊戲活動空間，一方面也能提升廳區的光線明亮度，而兩間臥房中間直接以櫃體為隔間，更能爭取坪效與收納機能。

圖片提供＿甘納空間設計

[困境 4]

房間各自獨立，坪數雖小互動一樣很疏離

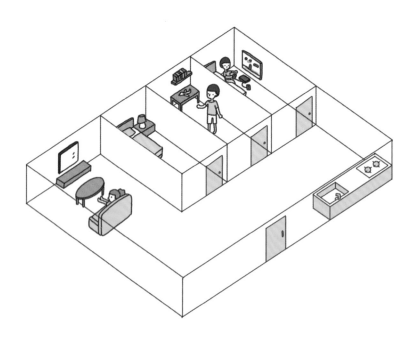

[破解]

製造互動據點，打造家人自然聊天聚集的場域

　　小坪數在整體空間規劃上必須有所取捨，想要客廳寬敞，臥房就不可能太大，休憩的臥房就讓它回歸單純的睡覺功能，規劃出基本坪數就好，不需要過於複雜的機能，其餘空間留給與家人共處的公共空間使用。無論是以中島區為中心的開放式廚房，或者結合書房的客廳，打開不必要的隔間整合零碎格局不僅讓空間有開闊感之外，還能多元利用重疊使用場域，達到與家人互動、情感交流的目的。

圖片提供__F Studio Design Lab

◎ 手法 1 保持活動重心的高度開放性

一般來說客廳是家裡最常走動的地方,其次是餐廳,因此客廳規劃在動線最容易到達的地方,而開放式公共空間可視生活需求,將客廳結合餐廳、書房,或者融入開放式廚房及餐廳,不僅能讓小坪數居家空間運用更為從容,同時也藉由區域上開放關係、空間的自由感,聯繫家人平時繁忙的日常生活,創造隨時隨地可親近的生活方式。

圖片提供__甘納空間設計

◎ 手法 2 動線交會點設定在主要場域

小坪數若是規劃1房以上的配置,儘量讓臥房位置集中以有效利用空間,而臥房出入動線的交會點最好匯集在使用較為頻繁的客餐廳,讓家人進出走動能隨時關照到彼此動態;但要注意避免規劃交叉或穿越完整空間的動線,比如當有人在客廳談話或是看電視時,其他人要越過客廳主要動線才能到廚房,諸如此類的動線容易互相干擾,降低空間效益。

坪數明明就不大，做起家事一樣費時又費力

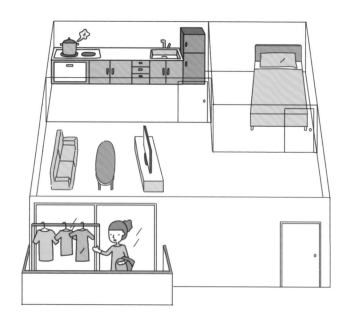

[破解]

從煮菜到洗衣，動線對了，效率提高力氣省半

　　下廚有一定的程序步驟，大致來說是從冰箱拿取食材、處理食材最後動手料理，因此廚房工作就在冰箱、水槽、瓦斯爐三個主要基點上構成「工作三角動線」，動線內往返交錯應控制在60～120公尺左右（約1～2步距離），這樣稍微轉身移動即能順暢備料作飯，才是理想並省力的廚房動線；而工作陽台最好能與廚房串接，一方面為考量瓦斯管線配置，一方面廚房廚餘等處理較為方便。

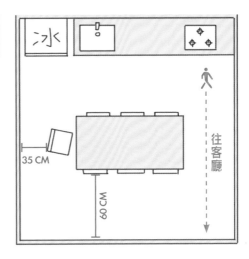

手法 1　從廚房工作習慣思考流暢動線規劃

依照一般家庭主婦的廚房使用習慣，冰箱應最靠近洗滌區，如果小坪數廚房空間不夠，常見將冰箱移出廚房，但仍應接近廚房門口較佳，至於烹飪區的瓦斯爐即使置放位置不夠，也不要緊靠在牆面旁邊，要預留手臂操作的空間。廚房出入口、餐桌最好與主動線保持60公分以上的距離，而餐椅與牆面至少保留35公分以上距離，才方便用餐時出入。

手法 2　善用中島量體創造多重使用功能

開放式空間的廚房中島區，為了充分利用空間通常被賦予複合式的功能，下廚時能做為備膳區也能當作餐桌使用，因此可以利用中島量體做雙面設計，朝向廚房的一側可以安裝大型家電，另一側則可規劃收納，以增加使用上的便利性。整個廚房在規劃上更需採用統整管理的方式，以免拉長動線降低工作效率，比如洗碗機應安裝於水槽附近取用較為方便。中島區與其他檯面距離需規劃在90～120公分左右，才能保持使用動線流暢。

圖片提供_KC design studio

納入需求與移動軌跡重新配置格局，提升採光通風更舒適。

問題點 『40年老屋，原始格局造成多暗房且空間狹隘。』

屋主需求 『屋子通風採光好，公共空間寬敞舒適。』

　　當空間較小，但需要涵蓋的日常機能依然必須滿足，又想兼顧生活品質，需要透過良好動線規劃來調整生活移動軌跡。像這個案子坪數不大，只有23坪，需要規劃2+1房，於是先跟屋主確認房間使用機能，像是主臥房、次臥和類似和室的半開放房間，再重整空間格局分配，確立動線分佈路徑，將房間安排在鄰近區域，用通往房間的走道串聯空間，其餘就能規劃成公共空間。

　　廚房部分因為屋齡舊，建築物本身沒有做瓦斯管線配線，原先屋主希望能有瓦斯爐使用，經過詢問除非整棟大樓都願意分擔管線埋設，不然很難單戶牽瓦斯管線，只好捨棄想法改以電磁爐替代。廚房也因此不需要受到管線牽絆，於是將廚房安置在入門處，正好利用櫃體劃出玄關走道，讓入門需要先通過小走道才進入室內，作為場域切換樞紐。礙於空間坪數有限，但有些必要設備無法省略，比如電器箱，於是將電器箱挪到廚房天花板內，預留維修孔，讓壁面顯得乾淨俐落。

　　客廳和廚房間，以木作電視櫃為視野分界，空間在開放式規劃下保有界線，加上空間原本採光條件優越，一整面窗戶導引日光入內，白日照亮室內，也讓空間整體感更顯寬敞明亮。

　　有了好採光和通風，行走動線自在舒服，即使身處小坪數，一樣有美好生活感受。

所在地 / 台北市　　**家庭成員** / 夫妻　　**格局** / 客廳、廚房、餐廳、主臥、次臥、和室、衛浴　　**建材** / 軟木、樂土、玻璃、木作

文__蔡婷如　空間設計暨圖片提供__F Studio Design Lab

重新調整格局，空間每一室幾乎都有採光。

格局｜拆除全室重整格局分佈

原本的規劃讓空間內較多暗房，雖然客廳和入門處有一整面窗戶採光，卻因為壁面阻隔而無法讓光源流通。裝修時一開始就將室內拆除乾淨，重新分配壁面位置作為格局規劃，將採光能否適當流動考慮進去，造就好光影。

芝麻石磚地壁鋪設，營造如陽台般的視覺氛圍。

機能｜兼具隔屏的衣帽收納櫃

廚房不受管線配置限制，規劃於入門處，並以一座櫃體自然劃設出走道場域，滿足外出衣帽、包包收納，同時也可以化解入門見廚房的風水禁忌。

水磨石佐大地色的搭配，溫潤有質感。

格局｜開放式餐廚寬敞通透

考量夫妻倆下廚頻率不高，餐廚區採取開放式設計，保有空間的通透與寬敞，同時也以層架設計取代制式吊櫃做法，釋放更為開闊的視野，材質色調上鋪陳大地色，賦予自然溫暖氛圍。

公私領域以走道作為場域劃分。

動線｜先確認機能再規劃動線

坪數較小時，需要精算空間使用比例和機能，因為每個空間有基本配備，所以先確認房間擁有該有機能後，再分配公共空間的使用規劃，這個案子需要容納2+1房，除了兩間臥室，另外需要一間介於客房和休憩場域間的中介空間，其餘就是廚房和客廳擁有的公共空間，就能很自然畫出動線佈局了。

機能｜丈量空間大小再購買傢具

居住人口簡單，買傢具的時候需要考量尺寸是否合適。就像屋主喜歡能幾乎整個躺在上頭的深長沙發，先丈量客廳長寬，再去尋找合適大小，一樣能擁有喜愛傢具款式。

確認尺寸再購買傢具，萬無一失。

材質｜以玻璃和金屬材質幫空間添入質感

木作能帶入溫暖氣息，也能讓小空間更顯溫度，再適當添加金屬和玻璃類自然材質，可以藉由些許冰冷提升現代感，拉出質感調性，就像空間裡電視櫃旁的展示櫃，就是以金屬隔板加玻璃做形體設計的材質，帶出氛圍。

以現代感材質點綴空間亮點。

機能 | 半開放和室提供多元機能

考量夫妻倆的育兒計畫，客廳旁規劃了一間多功能和室，藉由高度的差異性創造隱性界定，架高地面下亦提供收納功能，搭配滑門設計，可以隨生活需求彈性調整私密性。

牆面刷飾樂土，隨光影創造深淺層次變化。

機能 | 內嵌式衣櫃將收納隱形化

主臥房在重新配置格局的時候，讓衣櫃量體猶如內嵌於牆面內，空間更形簡約俐落，床頭木質壁板除了兼具床頭板功能之外，也具有照明與收納插座線路等巧思。

主臥壁面刷飾珪藻土，可調節濕度與淨化空氣。

⚙ 小宅好住的關鍵設計

平面圖計畫 設計前

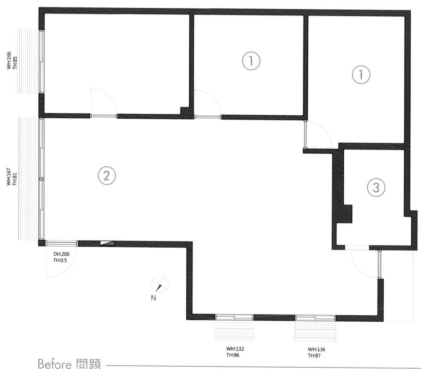

Before 問題 ────────────

1. 原始隔間讓採光無法流洩到室內，造成多暗室，通風也不好。

2. 一入門就是客廳和廚房位置，沒有玄關的緩衝場域，空間感單調。

3. 廁所只有一間，生活機能上不夠自在舒服，而且位處在空間邊處，
   動線上不算舒適位置。

尺寸計畫

1. 買傢具時會先丈量空間大小，挑選深度不超過90公分的沙發座椅，才能不會太靠近電視，維持舒適性。
2. 房間床鋪兩側的走道空間，正常是規劃70公分，稍微縮減10公分變60公分，維持生活機能。
3. 通往房間的走道，從一般的90公分改成80公分，走道底處擺放鏡子，利用鏡面反射放大空間。

平面圖計畫 設計後

After 改造

1. 更動房間格局分佈，客廳和廚房採光藉由走道和半開放設計，流通到室內。
2. 廚房做起櫃體，收納之餘兼具玄關功能，入門不會馬上看到整個室內，場域切換有層次感。
3. 主臥房內配置衛浴，改為套房，公共空間內也有規劃客用廁所。

長廊拓展視野，
小家的豪宅景深放大術。

問題點 『原始侷促三房限縮生活尺度，切割零碎好難住。』

屋主需求 『最好具備書房功能，回家需要充分放鬆身心。』

電視、沙發距離好近！餐廳位置好偏！第三房也太小了吧！20坪新成屋、三房兩廳的格局，看似是市場上的入門級熱賣商品，但實際上認真研究起建商平面時，屋主卻萌生「格局這麼瑣碎住起來真的會舒服嗎？」的心靈拷問。

其實男主人對家要求很簡單，希望一進門就完全放鬆、隔絕現實忙碌節奏，再有個書房空間就更好了！經過與設計師反覆溝通後，終於被「當下的好住比未來的好賣更重要」觀念所說服。

一開始進行客變取消原有隔間，先化零為整，將使用頻率最高的客、餐廳與書房區整合置中，如此一來，每個功能區都能享有三倍大的空間感。另外設置寢區、廚房於住家兩側，透過長廊連貫所有機能場域，為20坪小住家創造敞朗大器的難得景深。

原本有風水困擾的玄關則規劃鏤空鐵件櫃屏隔斷，廳區利用半穿透視覺分享光源，化解入口與廊道的陰暗、封閉問題。廳區特意規劃雙開口設計，導引住家中心回字型動線，怎麼走都不用折返跑，生活便利大加分！

定調格局與動線後，黑色鐵件烤漆、灰泥塗料，加上部分留白，揉合出黑、灰、白無色彩沉靜空間，略為粗糙具生命力的表面肌理在天花、壁面大面積塗覆，與透入窗櫺的自然光交織出深淺進退的立面維度，完美描繪住家立體輪廓。

所在地 / 桃園　**家庭成員** / 夫妻　**格局** / 客廳、餐廳、書房區、廚房、主臥、次臥、陽台、兩衛浴　**建材** / 灰泥塗料、鐵件、黑色烤漆、木皮

文__黃婉貞　空間設計暨圖片提供__向度設計

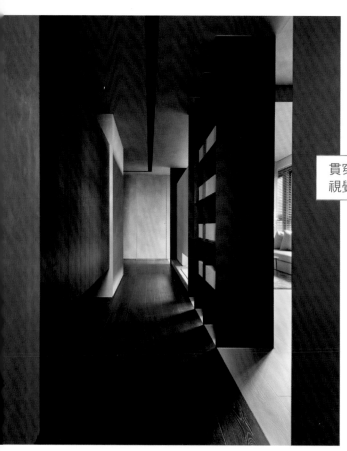

動線｜長廊擴展格局視野

入口處規劃橫貫住家長廊，組構中心回字動線，運用地坪、燈帶鋪陳，以及光線明暗效果，創造空間視覺延伸感受。

貫穿住家各機能區中心動線，肩負延伸視覺效果。

格局｜鏤空鐵件層架作廊、廳分野

大門與廳區間設置鏤空鐵件隔屏，為住宅中心規劃出長廊＋回字動線，滿足機能空間的獨立靈活性，亦保持採光與空氣的共享與流通。

鏤空層架解決風水問題，化身區隔機能與分享光源介質。

格局 | 打開實牆共享空間與光源

改變建商原有的狹小三房規劃，透過沙發轉向、重新整合客餐廳與書房區於一處等動作，換取方正寬闊的開放公共場域。

> 告別侷限小三房，換取明亮舒適開放廳區空間。

材質 | 天、壁灰泥塗料拉闊背景深度

運用粗糙手感的灰泥塗料、輕薄堅韌的鐵件與適度留白，勾勒出黑、白、灰組構的無色彩居家，揉合光影交織，描繪出生活場域立體輪廓。

> 深淺設色與明暗光影，達到擴展視覺空間效果。

● 小宅好住的關鍵設計

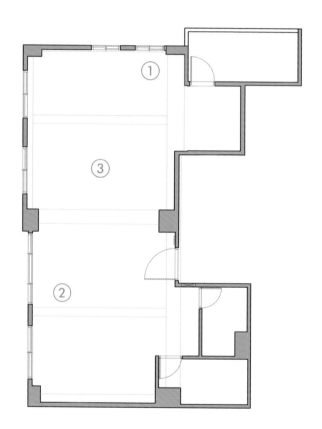

Before 問題 ————————

1. 建商原始餐廳位置，導致第三房與餐廳都過小。

2. 入門即是客廳，獨立隔間讓電視、沙發距離超近。

3. 原有三房皆獨立隔間，住家被切割零碎。

┤ 尺寸計畫 ├

1. 玄關廊道設定寬度為100公分，天花、壁面使用相同材料，讓空間不壓迫且呈現放大效果。

2. 電視牆鐵件層架搭配木作、水磨石，深度設定45公分，使空間保有穿透效果，引導光線進入到廊道玄關。

3. 將廊道木質鞋櫃上下緣離天、地各40公分，增加LED燈照明，讓量體不過於笨重，賦予空間多層次。

平面圖計畫 **設計後**

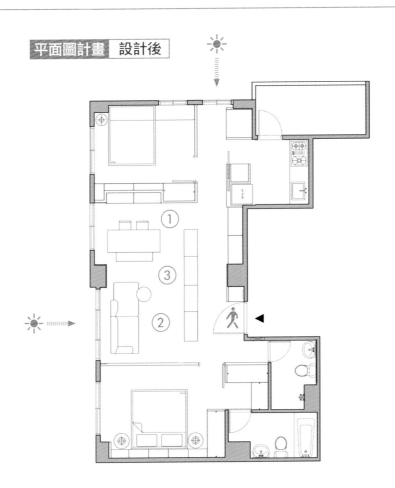

After 改造

1. 移動餐廳、併入廳區空間，釋放次臥場域。

2. 沙發轉九十度角、拉大與電視櫃跨距。

3. 打開與客廳相鄰房間，規劃客、餐廳與書房的大公共場域。

七道拉門微調格局，
三口之家的都心小宅。

問題點 『單身宅變身三口之家,收納物件大幅增加,另需規劃小孩寢區。』

屋主需求 『有在家工作需求的屋主夫妻,要有能獨立使用的工作書房。』

16.5坪住家前身從小工作室、單人居所,演變到現在有著一歲寶寶入住的幸福三口之家,空間使用、收納需求激增,更重要的是要進一步融入小朋友至少十年內的成長需求,因此,充分規劃有限坪數、甚至複合機能提升坪效就成了新居設計重點所在!

設計師將下層規劃為客餐廳、廚房、衛浴等公區、上層則是主臥、小孩房與書房等私密空間。每層大致劃作兩個方形主機能場域,利用總共七道拉門彈性開關,拉門全打開時,微型公寓將呈現全開放狀態!透過拉門闔起,即使是過道也將被賦予額外機能,如走道變身書房,充分利用每個角落。

而小宅最令人頭疼的收納問題,則依附著梯間上下、做出立體規劃,樓梯除了是主動線所在,亦成為主要儲藏重心!包含廚房走道方便使用的三個樓梯踏板抽屜、衣櫃與上掀收納深櫃,另外還有從客廳側拉門進入的小儲藏室,以及二樓四周包圍著的衣櫃與書櫃。集中整合大型量體、避免凌亂感,有效減輕小空間的視覺壓迫。

由於屋主夫妻兩人皆有在家工作需求,需要不受打擾的獨立工作場域。所以於二樓左右規劃寢區,為寶寶預留好可放置單人床墊的次臥,同時書桌從小孩房延伸過道,當兩間臥室與樓梯拉門關上時,立刻變身專屬書房,大幅提升實用性,成功打造伴隨孩子成長、與家人共享生活又保有隱私的超彈性居家!

所在地 / 台北市　**家庭成員** / 夫妻＋1小孩　**格局** / 客廳、餐廳、廚房、主臥、小孩房、書房區、衛浴　**建材** / 磁磚、實木皮、樺木夾板、灰泥塗料、海島木地板、鐵件烤漆、玻璃

文__黃婉貞　空間設計暨圖片提供__A Little Design

一樓廳區透過玻璃、木質拉門開闔，自行創造最理想空間狀態。

機能 | 拉門彈性分享收納、光線與空間

公共區域保留完整方形場域作客、餐廳機能使用，利用拉門彈性規劃出採光、空間是否獨立或共享的不同型態，一側暗藏梯下小儲藏間收納超方便。

廳區與廚房相鄰,透過拉門彈性區隔。

格局｜客、餐廳合一提升坪效

客、餐廳合併於一處,右側開口與廚房相鄰、利用玻璃鐵件拉門彈性區隔,令小家能有效共享空間與光源。

收納｜樓梯形狀的大型收納區

住家從原本單身宅改造成一家三口新居,大幅增加的收納需求成為重新規劃重點,將所有機能櫃體、抽屜圍繞著立體梯間設計,減輕大型量體造成的視覺壓迫感。

充分利用樓梯垂直空間,規劃深抽、儲藏室、上掀櫃、衣櫃等機能。

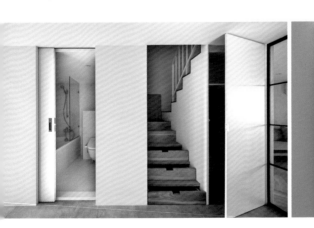

大樑變身臥榻置物平台，打造隨著小孩成長的簡潔寢區。

機能｜平檯、櫃體打造成長型小孩房

在上、下大樑化身的置物平檯與櫃體間，精算出剛好放
得下單人床墊的區域，打造有臨窗臥榻、書桌與收納的
完整寢區空間。

二樓主臥與小孩房間過道，利用拉門
創造獨立工作書房。

機能｜拉門讓過道變身獨立書房

為了滿足屋主夫妻在家工作的需求，
書桌從小孩房延伸主臥門口，關上樓
梯與兩個臥房拉門，即可獨立出一個
不受打擾的小書房。

收納｜落地衣櫃取代隔間牆

主臥於梯側規劃落地衣櫃作隔間牆用
途，增加寢區收納機能；門外即為過
道兼書房區，可透過3道拉門彈性調
整為獨立或開放使用。

主臥規劃衣櫃牆，擴充收納機能。

◌ 小宅好住的關鍵設計

平面圖計畫 設計前

Before 問題 ─────────────────────

1. 舊有的單身住宅無法滿足一家三口的儲物規劃。

2. 缺少小朋友從一歲到學齡都能合理使用的睡寢、讀書空間。

3. 超小住家除了基本機能之外，尚需獨立工作場域。

尺寸計畫

1. 住家平面分別是兩個邊長約3.6mX7.2m的長方形，不同機能區域分別透過七個拉門彈性區隔。
2. 書桌為樺木夾板材質，總長度325公分，從小孩房沿伸至主臥門口，足夠兩個人共同使用。
3. 儲藏室可由客廳側進入，樓梯下三角形收納區長117公分、深度79公分，方便收納吸塵器、電扇等大型家電。

平面圖計畫 設計後

After 改造

1. 將收納抽屜、儲藏室、櫃體圍繞在樓梯周遭集中規劃。
2. 寢區規劃櫃體與可放置單人床墊區域，作為寶寶未來臥房。
3. 書桌從小孩房延伸走道，透過拉門彈性區隔出不受打擾的工作書房。

減法美學的極致運用，
用開闊視野迎接美好生活。

`問題點` 『原始格局阻斷空間，影響視覺感受及空間使用效率。』

`屋主需求` 『希望能有開放的格局，並有空間能夠收納儲物。』

　　懂得享受生活的人，是將日子過好的人。室內設計不僅是打造精美的室內空間，更是體現屋主對待生活的態度。 在僅18坪的小巧空間，六相設計將格局重新規劃省去了隔牆的阻擋，讓公領域之間相互流暢。客廳與餐廚場域相互依偎緊鄰，搭配淺灰色系貼木地板，利用色彩的奧妙延伸視覺空間。壁面及天花大片選用環保樂土材質，樂土淺灰的色調延續地坪風格之餘，也展現出類清水模的質樸韻味。

　　減法美學的極致運用，體現出乾淨俐落的簡約風格宅。搭配同色系柔軟布沙發，巧妙的利用傢具配件質地綜合灰色系不經意透出的冷冽感；後方用餐區域大膽挑色搭配微光黃木質傢具，襯托出俏皮的生命力氛圍。向陽處的開窗蓋上了一層輕薄的百葉扇頭紗，透過機關調節熱情造訪的日光。寢臥空間色調翻轉公領域優雅沉著的灰，改用輕快的淺色木合板作為床架，相鄰著小巧精緻的梳妝台，宛若一體成型的設計不禁令人印象深刻。

　　設計師使用簡單大膽的線條勾勒全屋，並以色彩清楚劃分不同場域，以簡單建材無形分割各領域範圍，減去實體隔間伴隨的視線阻隔。重新規劃收納置物區域，彌補房間內無法避免的非直線牆面，讓整體格局更加方正俐落，也放大了空間寬敞感。

所在地 / 桃園市　**家庭成員** / 夫妻＋1小孩　**格局** / 客廳、廚房、餐廳、臥室　**建材** / 樂土、超耐磨地板、樺木夾板

文__賴怡年　空間設計暨圖片提供__六相設計

捨棄封閉格局，簡單轉向格局大方又舒適。

格局 | 打破傳統封閉格局，用開放式迎接美好生活

原始公領域格局因廚房設計而顯得狹窄，設計師將原廚房的實體
隔間拆除，並加以設計規劃成開放式格局，加上簡單的規律線條
點綴引導，讓客廳與餐廚領域合為一體；視野更加開闊。

材質 | 樂土與樺木的相輔相成，簡約與質感的高度結合

選用類清水模質感的樂土作為客廳
牆面，並與餐廚領域的樺木夾板獨
特的淺色木紋結合，兼具了樂土靜
謐沉穩的內斂以及樺木帶來的活潑
氛圍。樂土與樺木的深淺色搭配也
成為了無形劃分各區域的功臣。

獨特材質，讓屋內舒適簡約又充滿個性。

放在對的地方，讓收納猶如藝廊般的美感。

收納 | 保有美觀的置物架，可以欣賞的收納

重新整合收納置物區域，除了保持屋內線條俐落，分區收納
也更加容易。餐廚領域設置樺木櫥櫃，格間規律排列讓收納
置物也如展示品般特別。並以櫥櫃填補臥室內無法避免的非
直線牆面，讓整體格局更加方正。

○ 小宅好住的關鍵設計

平面圖計畫 設計前

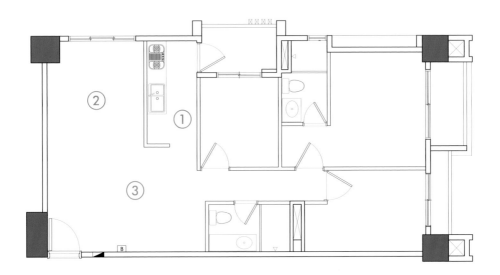

Before 問題 ————————————————————

1. 原廚房格局採用實體隔間，整體空間封閉，分割了原方正格局也大大降低坪效。

2. 空間的限制，無足夠空間供收納儲物使用，整體空間顯得雜亂。

3. 原公領域格局缺少實體隔間，空間單一難以規劃不同場域。

尺寸計畫

1. 拆除原廚房實體隔間,釋放原為廚房走廊的空間,將公領域可利用空間拓展155公分。
2. 餐廚領域利用雙面櫃體作為隔間,加大收納量也節省有限空間,走道寬設定為85公分,寬敞好走不壓迫。
3. 主臥床邊的寬度為68公分,無論是做為梳化使用亦或是與小朋友共寢皆適宜。

平面圖計畫 設計後

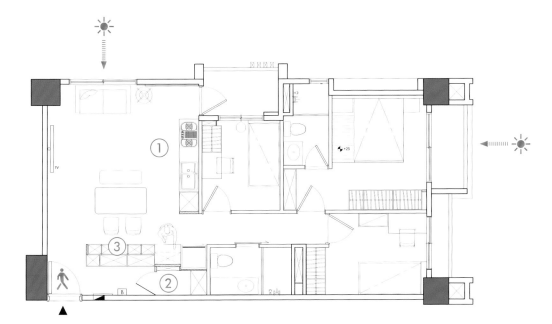

After 改造

1. 捨棄廚房原格局的實體隔斷,採用開放式廚房釋放空間,也將廚具位置轉向重新整合公共領域可利用空間。
2. 將收納儲物系統結合必要實體隔間,增加整體通透感也達到拓展收納容量;利用非直線牆面形成的凹槽置放櫥櫃。
3. 公領域設置樺木夾層櫃,提高收納容量也有效創造廊道空間,整體動線更加清楚明確。

拆一房一衛，
換來開闊大餐廚與更衣室。

問題點 『空間小又隔出三房兩衛，每區變得太狹窄。』

屋主需求 『公共空間更開放，要能同時容納大人工作、小孩玩樂。』

　　21坪的中古屋，原始面積本來就小，卻隔出三房兩衛，每個空間無形被壓縮，客廳、臥室、衛浴狹窄擁擠，也沒辦法放餐桌，太多的臥室也顯得無用。封閉廚房則位在深處，有著距離客廳太遠，送餐動線過於冗長的問題。

　　在面積有限的條件下，決定以擴大公共空間為主，捨棄與客廳相鄰的一房，改為開放式餐廚，擴展空間縱深，客廳、餐廚瞬間放大一倍。同時安排中島，擴大料理檯面，也多了餐桌能使用。不僅如此，中島面向客廳的一側特地留出兒童玩具櫃，能作為童書、玩具的收納空間，一旁牆面也擺放鋼琴，讓作為音樂人的屋主能隨時彈奏音樂。開闊又機能齊全的公共空間，讓一家五口都能聚在這裡，既是小孩的遊樂場，也是大人的工作區。

　　同時主臥捨棄主衛改為更衣室，有效擴增收納量。在僅剩一間衛浴的情況下，為了不影響盥洗的舒適度，客衛納入原本的封閉廚房擴大空間，並改為日式的分離設計，馬桶間、淋浴區、洗面台各自獨立，全家人能分別盥洗、如廁、洗浴，即便同時使用也不衝突。

　　全室淨白並以綠色作為主要色調，從沙發、中島到幾何牆面，不同深淺的綠色層層相疊，讓視覺更顯豐富，同時在餐桌桌腳、抱枕與衛浴花磚輔以亮橘點綴，橘綠對比相襯，為空間注入充滿生氣活力的氛圍。

所在地／台北市　**家庭成員**／夫妻＋3小孩　**格局**／客廳、餐廳、廚房、主臥、小孩房、陽台　**建材**／葡萄牙進口花磚、板岩磚、陶瓷烤漆門板、義大利水磨石、超耐磨地板、鐵木

文__Aria　空間設計暨圖片提供__Raen Studio & Design時雨設計

少了隔牆阻隔，有效還原空間縱深，視野更開闊。

格局 | 少一房，空間放大一倍

原先客廳縱深僅有345公分，空間感又窄又小，拆除一房改為開放餐廚，縱深瞬間拉長至6m，視野有效延展，空間足足放大一倍。同時安排中島餐桌，解決原先無用餐空間的困擾。客廳、餐廚全然開放的設計，讓光線也大量湧入，整體更開闊明亮。

格局 | 陽台內推改斜角，擴大面窗視覺

為了滿足小孩能在陽台玩水的需求，陽台內縮擴大使用空間，能同時擺上泳池、盆栽，為陽台創造多元用途。同時落地窗斜向設計，也能展現面窗變寬的錯覺，盡可能拉長窗景，與戶外綠意串聯。

善用窗邊的畸零角落安排櫃體，多了收納，空間立面也更完整。

機能 | 主臥外擴，床鋪、衣櫃都放得下

由於主臥空間較小，放不下屋主原有的床鋪，連衣櫃都無處擺，因此將牆面順勢外推擴大面積，並沿牆設置置頂高櫃，擴增衣物收納的收納量。同時封起通往主衛的入口，改為更衣室兼儲藏室使用，小孩衣物、大型家電都能收。

格局 | 衛浴改分離式，使用更方便

為了解決一家五口共用一間衛浴的困擾，重新調配衛浴，改為分離式設計，劃分為馬桶間、淋浴區，同時納入原先的封閉廚房，改為洗面台使用，每區各自獨立，家人同時使用也不擁擠，整體還比原本客衛面積多賺0.7坪。

採用雙洗面台的設計，早晨刷牙盥洗不互搶。

◌ 小宅好住的關鍵設計

平面圖計畫 | 設計前

Before 問題 ——————————

1. 客廳進深窄小，連餐桌都放不下。

2. 三房太多，空間變得很狹窄。

3. 衛浴雖有兩間，但每間都小到很難用。

尺寸計畫

1. 沿著廚房窗台安排40公分深的檯面，咖啡機、麵包機都能放。
2. 中島延伸130公分長的檯面作為餐桌使用，全家一起用餐也不擁擠。
3. 主臥牆面向廚房推20公分，新建的輕隔間厚度也比原先少5公分，多出25公分才足以放得下屋主的King size大床。

平面圖計畫 設計後

After 改造

1. 拆除一房改為開放餐廚，與客廳串聯，空間好開闊。
2. 主臥牆面向外挪，擴大使用空間，同時捨棄主衛改更衣室，讓給小孩使用。
3. 客衛調整為分離式設計，馬桶、淋浴間、洗面台各自獨立。

主臥一分為二，
活動拉門設計拯救空間採光問題。

問題點 『格局零碎，中央餐廳區域無採光，空間感覺很有壓迫感。』

屋主需求 『希望整體空間明亮開闊，同時增加多功能空間。』

　　本案位環境清幽的北投，是屋主購入與父母同住的房子，雖然家庭成員簡單，仍期待居住空間能更舒適開闊，創造出屬於自己的生活步調。

　　原本2房格局與封閉廚房的配置方式，不但讓每個空間都顯得狹小，同時也阻絕餐廳的採光，設計師重新構思空間關係，藉由創造層次帶動視覺層層探索，營造出小坪數的開闊感。看似打破小空間本應該簡約俐落的設計概念，卻在穿透、開放、串聯的設計手法之下，解放空間制約。

　　設計師適度調整主臥，讓出鄰近客廳的部分坪數滿足屋主多功能室的空間需求，多功能室以活動式拉門取代實牆隔間，廚房也重新規劃為開放式設計，使得光線能在客廳、餐廚房與多功能室之間流動，一掃先前的昏暗印象，不受拘束的水平視線創造出輕鬆自在的氛圍。

　　空間中的樑柱結構明顯，但也沒成為阻礙，設計師順著結構作為軸線並利用櫃子的量體與之交互結合，往上保留天花板高度讓白色櫃體部分皆低於結構樑塊，空間的垂直層次更為分明，也弱化量體佔據空間的份量，牆面則以較溫暖的灰綠色與櫃體區別。

　　賦予空間複合功能也是小坪數不可或缺的要點，設計師在多功能室裡隱藏了一張床，提升了使用的靈活度，從廚房檯面延伸出的餐桌，也可作為工作桌使用，讓生活創意不被空間限制。簡單的白、灰色調鋪陳統整了視覺，隨著光影的變化交織出寧靜氛圍，也描繪出理想的生活質感。

所在地 / 台北　**家庭成員** / 夫妻＋1小孩　**格局** / 3房2廳2浴室
建材 / 鐵件、木皮、系統櫃

文__陳佳歆　空間設計暨圖片提供__初向設計

規劃格局，有效運用閒置空間。

格局│化零為整，無用角落也能好舒適

整合客廳前陽台以及次臥閒置的後陽台，重新
整合規劃為室內空間，不但充份運用坪效，也
提升小空間生活機能。

格局│順著結構畫主軸，
俐落描繪空間層次

空間裡有明顯的樑柱結構，
利用部分結構作為主軸並與
櫃體結合，再以白色和灰色
作區隔櫃與牆，讓空間層次
更為豐富。

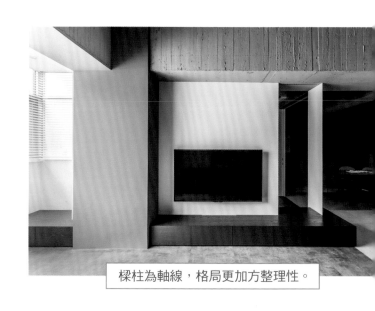

樑柱為軸線，格局更加方整理性。

調整格局和隔間，使整體空間都有絕佳採光。

格局 | 劃分主臥＋活動隔間從此空間不昏暗

將主臥房一分為二，挪出部分空間作為多功能室使用，同
時採用活動拉門設計，平時保持敞開的狀態，讓光線能夠
穿透到中央空間，整體明亮感大幅度提升。

輕轉角度，創造順暢的行走動線。

動線 │ 斜切轉角牆面順暢串聯活動領域

原本主臥的垂直轉角使得從客廳通往餐廳的路徑感覺侷促，
在格局調整成多功能室同時打開廚房之後，牆面利用斜面設
計減少壓迫感，也形成一個引導動線的廊道。

巧妙隱藏機能，創意增添生活樂趣。

機能 | 隱藏式睡床讓小空間有更多可能

不設限多功能室的使用功能，除了規劃活動隔間和收納櫃，裡面還悄悄藏了一張單人睡床，空間多了一個發懶休息的地方，即使客人來訪留宿也沒問題。

開展空間格局，營造空間開闊感。

格局 | 打開廚房隔牆，營造愜意生活氛圍

開放式廚房讓穿透、開放、串聯的設計概念更為完整，從廚房延伸的餐桌給予家人在用餐之外，另一個具有休閒感的彈性空間。

小宅好住的關鍵設計

平面圖計畫 **設計前**

Before 問題

1. 左右兩側臥房阻隔自然光，整個餐廳區域昏暗也不好運用。

2. 對角兩處轉角加上樑柱讓過道感覺狹窄侷促，使空間不開闊。

3. 主臥太大，次臥太小而且沒有足夠的收納空間。

尺寸計畫

1. 原本廊道寬度只有93公分，調整斜切牆面後擴大為139.5公分，感覺更為開闊舒適。

2. 為配合有限的牆面寬幅，拉門設計成3片57.4公分活動式門片，因此可以完美收整於牆面。

3. 電視牆與大柱作塊體上的結合，下方延伸75公分的抽屜櫃除了有收納功能，也可作為聚會時的座椅。

平面圖計畫 **設計後**

After 改造

1. 重新規劃為開放式廚房並且延伸餐桌，加上多功能式活動拉門引入光線，也引導視線穿透無礙。

2. 在轉角處牆面以斜面設計化解銳利轉帶來的壓迫感。

3. 重新配置主臥格局，整合次臥閒置陽台，並且規劃充足的衣櫃。

複合功能打開空間尺度，
極小宅舒適好用還能開Party。

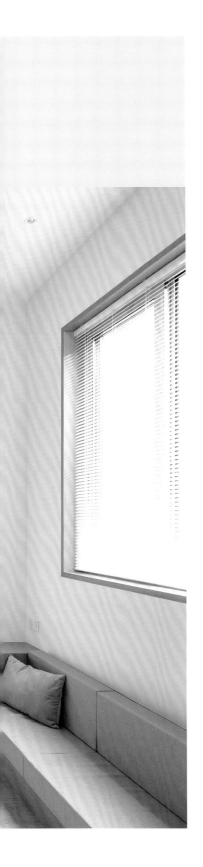

問題點 『坪數非常狹小，原始地面又被墊高，還有一些建築的限制。』

屋主需求 『要有完整居住功能，又要能滿足可以多人聚會使用。』

只有7坪的極小住宅，設計上的挑戰是如何營造一個具溫馨、舒適且還能容納多種活動，以此作為目標，栖斯設計透過建立室內外的連接，加上利用夾層與複合功能等方式，充分打開極小宅的空間潛能，打造出一個居住功能完備，又能承載多人聚會的使用。很特別的是，這是一間自帶小庭院的房子，四周低矮的建築圈圍出一方清幽之地，設計師將庭院與室內作為整體考量，以此獲取更多使用面積，又能延伸生活可能性，再加上受限於歷史保護因素，既有窗戶無法改動，促使設計師於窗內和窗外分別設置一縱一橫兩個吧檯，為內外建立間接的連結。

一方面也藉由從庭院發展的「活動發生軸」為主動線，開展出豐富的活動場景，首先是廚房，由於烹飪需求不高，此區域整合玄關、吧檯、廚房與用餐等複合用途，利用傢具、燈光營造出如同咖啡廳般的溫馨氛圍，亦提供彈性的辦公使用。繼續往內走，發現地面高度存在些許的差異性，原因是改造前房子地面整體已被墊高45公分，僅衛浴在原始正常高度，改造後，設計師保留入口廚房區的45公分高，客廳起居區域則降至原始標準高度，因而創造出具有圍塑、凝聚效果的半下沉空間。也透過這樣的高度落差，踏階兩側被定義為沙發，樓梯扶手又能充當書架和衣櫃，充分利用每一處空間。順著樓梯往上的夾層則規劃為臥房，考量高度限制，床墊直接鋪設於地面上，兩側搭配木質傢具賦予豐富的功能性，也區隔出與下方空間互相不被打擾的區域。

所在地 / 上海　　**家庭成員** / 夫妻　　**格局** / 客廳、廚房、餐廳、臥房　**建材** / 木地板、玻璃、塗料

文__Cheng　空間設計暨圖片提供__栖斯建筑设计咨询（上海）有限公司

機能｜吧檯桌可用餐、辦公，更能釋放空間感

考量料理的頻率不高，入口處的空間一併整合餐廚、玄關功能，線條簡單俐落的吧檯桌取代一般餐桌更能釋放舒適的空間尺度，也可以作為臨時的彈性辦公場所，木質吊櫃、櫥櫃則為極小宅帶來實用的儲物需求。

運用吧檯、吊燈與高腳椅等設計，營造如咖啡館的溫馨氣氛。

機能｜用一座櫃體納入扶手、電視牆、書架與衣櫃機能

既然僅有7坪，更得好好善用每一個时空間，極小宅充分利用疊加機能的概念，在通往夾層的立面規劃一座櫃體，這個櫃體不但是樓梯扶手，也是電視牆，開放層架也可以兼具書架或展示使用，而左側還是衣櫃的機能。

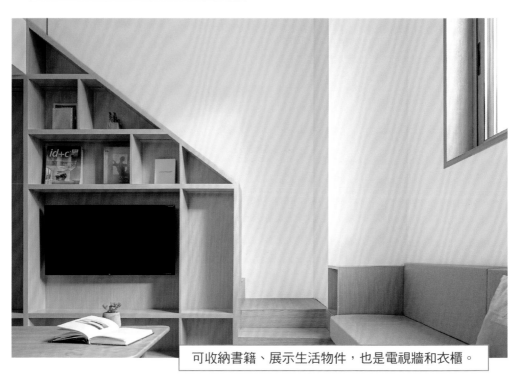

可收納書籍、展示生活物件，也是電視牆和衣櫃。

設置橫向吧檯，讓人與人之間的活動建立
室內外空間的親密關聯。

動線 | 打破室內外分界，建立互動連結

這間房子獨特的是擁有一方小庭院，天氣好
的時候可作為露天客廳使用，同時設計師也
運用一縱一橫的吧檯，讓室內外空間產生連
接，坐在院子裡的吧檯，依舊能與室內維繫
互動，豐富的生活場景也以這道軸線展開。

格局｜運用高度落差，打造半下沉式起居室

原始空間地面整體皆被墊高45公分，保留廚房入口區域的高度，衛浴、起居區域則回復到原始的標準高度，也正好藉由高度落差創造出豐富的空間感受，踏階變成沙發、座位，成為具有圍合效果的半下沉空間，多人聚會也不是問題。

利用高度的落差特性，發展出階梯座位、沙發等機能。

機能 | 訂製木作傢具，提升功能性

位於夾層的臥房，由於高度的限制，捨棄床架而將床墊直接鋪在地板上，床頭兩側則設置木作傢具提供閱讀、邊几等豐富性功能，也能區隔出與下方空間互相不被打擾的區域。

固定傢具可收納也能做為閱讀、寫作、辦公平台。

格局 | 通透玻璃隔間，創造寬闊空間感

衛浴空間安排於起居室旁，劃分出沐浴、馬桶、洗手檯三個獨立區域，整體浴室採用玻璃隔間、面向著起居室敞開，有助於視線延伸、放大空間感。必要時當然也可放下捲簾遮擋隱私，配上以水泥漆包覆的暗色調與照明設計，帶來放鬆、靜謐的氛圍。

玻璃隔間內設置捲簾，可適當遮擋隱私。

◌ 小宅好住的關鍵設計

平面圖計畫 | 設計前

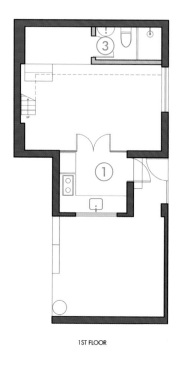

1ST FLOOR

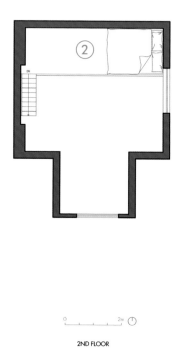

2ND FLOOR

```
0            2m  ↻
```

Before 問題

1. 原本設置了佔比很大且十分寬敞的封閉式廚房，餐廳設置在原起居空間，不符合年輕人的料理與生活習慣。

2. 原平面夾層的位置設置在北側，壓縮南北方向的深度，且電視牆被設置在北側閣樓下方，觀賞距離僅有2米，整個空間顯得十分狹小。

3. 原始衛浴狹窄且陰暗。

┌─ 尺寸計畫 ─┐

1. 夾層空間1.4m是扣除下方沐浴區的最小高度以及樓板厚度（樓板需要容納一個暖風機）後剩餘的高度。床墊直接放置在樓板上，省去了床架的高度。

2. 電視櫃與樓梯扶手整合，總深度是30公分。靠近樓梯頂端的電視櫃深入至樓梯下方，深度達到80公分，成為重要的收納區域。

3. 廚房吧檯至操作台的距離70公分，擷取能正常使用所需間距的極限，在這個寬度內，正常體型的人可以順暢使用。

平面圖計畫 | 設計後

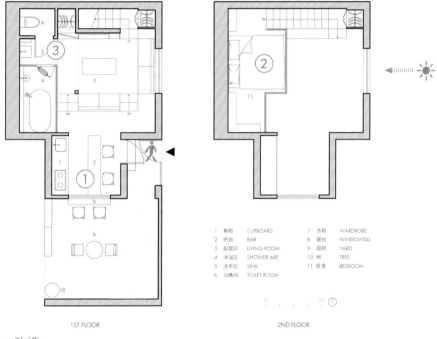

1 櫥柜 CUPBOARD		7 衣柜	WARDROBE
2 吧台 BAR		8 窗台	WINDOWSILL
3 起居区 LIVING ROOM		9 庭院	YARD
4 沐浴区 SHOWER ARE		10 树	TREE
5 洗手区 SINK		11 卧室	BEDROOM
6 马桶间 TOILET ROOM			

1ST FLOOR　　　　　　　　　　2ND FLOOR

After 改造

1. 開放式廚房讓空間更加的連貫，並設置多功能吧檯，通過窗內外吧檯的設置銜接了庭院空間與室內空間。吧檯既可以作為餐桌也可以作為工作桌。這樣廚房能容納更多的可能性。

2. 將夾層移至西側，釋放出南北方向的深度，南北方向也是整個空間活動軸的方向，改造後的空間尺度從視覺體驗上大了很多。

3. 將衛浴同夾層一起移至西側，沐浴區、洗漱區、馬桶區佔滿整個夾層下方空間。衛生間的面積變得更大，甚至還可容納浴缸。

壓縮再放寬尺度，
串起光線、窗景的美好生活。

問題點 『長型屋中段光線陰暗，衛浴空間也非常狹窄。』

屋主需求 『喜歡品嚐美食與酒、看球賽，希望起居空間可以寬敞多機能。』

　　位於北京東城區的這間房子，與街道的市井氣息、胡同巷弄的關聯性，使得設計師將設計重心由室內往室外延展，以南北座向兩側的窗景為重點，同時也在微小尺度內營造出大氣場，透過化零為整的手法與深色調，給予具包覆感的生活場景。

　　長型的格局，不外乎平面臨到前、後兩端的採光條件較好，中間部分即便能靠天井採光，但由於房子位處第二層，幾乎沒有日光可言，改造前的衛浴空間也狹窄不適。對應到使用者是單身男子，喜愛閱讀與攝影，以及品嚐美食與酒，平面配置重新大挪動，先是將衛浴調整到玄關入口處，並壓縮成條形空間結構，透過左右方向可看向起居室、臥房，也連接起兩端窗外美景，不論是視線或是光線的延展性自然都提升了。

　　從衛浴往左進入屋子最大的空間，有一種豁然開朗的感覺，開放式廳區承擔許多功能，廚房位置倚牆而規劃，小而精美，並與電視櫃、收納櫃安排於同一立面上，簡化多餘的線條。看似俐落的框架下，收納櫃內隱藏著備餐用的抽拉板，從沙發後吊櫃到電視櫃、起居室入口兩側櫃體，三面具備豐富的收納功能，沙發也特別選擇兼具床鋪使用的款式，彈性成為臨時客房。為了凸顯空間的包覆性，天花板刻意使用深色地板拼貼，與餐桌材質相互呼應，牆面、地面以不同色階的灰色調鋪陳，材料選用也儘可能簡化統一，營造出現代卻又帶點侘寂意味的氛圍。

所在地 / 北京　**家庭成員** / 單身1人　**格局** / 客廳、餐廳、廚房、書房區、臥房　**建材** / 類水泥、水泥漆、木地板、不鏽鋼金屬

文＿Cheng　空間設計暨圖片提供＿羅秀達

餐桌一旁的立柱是用金屬材料包覆的燃氣管道。

機能｜隱藏收納與生活機能的多功能起居空間

開放式公共場域囊括了許多功能，三道立面妥善整合規劃各式收納，廚具靠牆規劃，電視櫃同時兼具儲物用途，收納櫃裡頭甚至隱藏備餐用的抽拉板，沙發後方吊櫃可擺放屋主喜愛的書籍，沙發也特別選用複合功能，可滿足臨時客房需求。視線盡頭鄰近餐桌的櫃體內，更巧妙收整了洗烘衣機。

機能｜回歸純粹休憩的睡寢場域

臥室作為純粹的休息空間，考量坪數有限，所以特別調整床的比例，將高度降低，插座與開關整合在床頭櫃與牆面的凹槽中，窗簾與金屬暖氣罩，形成了柔軟與硬朗的材質對比。透過臥房北側窗面可觀賞玉蘭樹景致。

降低床鋪高度，減緩壓迫性。

利用深色木地板天花，地壁材料的統一，凸顯質感。

格局｜各自獨立的乾濕分離設計

將衛浴移至鄰近入口的位置，形成馬桶區、洗漱區、淋浴區三個空間分離使用的模式。壓縮成條形空間的玄關，透過兩側開口可看向臥室與起居室，同時納入雙邊窗外美景，光線與空間都得以延展開來。

◌ 小宅好住的關鍵設計

平面圖計畫 設計前

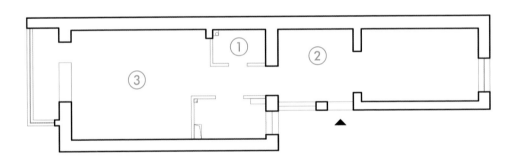

Before 問題 ─────────────────

1. 衛浴坪數較小，使用起來比較侷促擁擠。

2. 位於中間的門廳與廚房採光非常差，幾乎沒有日光。

3. 起居區域同樣也被壓縮，空間不夠寬敞。

尺寸計畫

1. 餐桌一側的櫃體深度規劃為70公分，主要是為了收納洗烘衣機，維持設計的簡約俐落。

2. 電視櫃與櫥櫃的深度設定60公分，收納設備之外也賦予多元物品的儲藏使用。

3. 一般馬桶寬度約介於45～55公分左右，此案的馬桶間寬度規劃80公分，保有舒適的迴旋尺度，才不會覺得擁擠。

平面圖計畫 設計後

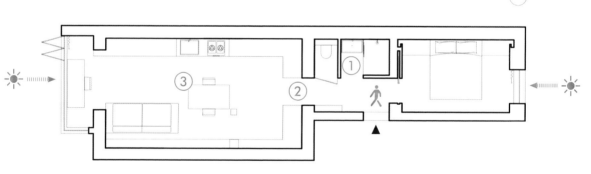

After 改造

1. 將衛浴挪移至進門處的位置，並規劃為馬桶區、洗漱區、淋浴區各自獨立使用的模式。

2. 透過一字型格局的兩側開口，讓前後兩端的採光效果發揮到最大，產生延展效果。

3. 起居室藉由格局重整，形成包含了餐廳、廚房、收納等各種機能需求的多功能空間。

超高效利用，
一次滿足大中島、舞蹈房、衣帽間。

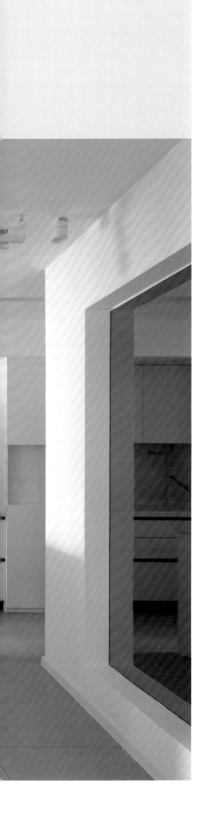

問題點 『原始格局相對都比較擁擠，而且採光通風並不理想。』

屋主需求 『想要有基本的兩房功能，還要能練習舞蹈、改善房間採光。』

　　13坪的微型公寓，一個人住不是問題，但如果要符合兩人使用，女主人還希望有一個能練習舞蹈的空間，父母偶爾也會來探訪居住，那可稱得上極限挑戰，而這些透過馬志成設計的規劃改造，完全都解決了！原始格局為一房一廳，光線來源僅透過一扇小窗戶和原本客廳面，衛浴是完全的暗間，且廚房、衛浴皆十分擁擠。

　　為滿足屋主訴求以及將動線合理化，設計師進行了大幅度的格局調整，長型平面的前半段整合客廳、餐廚、衛浴功能，並以環繞式動線設計讓三區相互交融、產生共鳴。玄關入口沿著空間的長向壁面上，巧妙納入鞋櫃、廚房、儲物櫃、冰箱等，一方面以可移動折疊桌取代餐桌，可靈活與島台結合，各種機能與收納一應俱全。原衛浴入口位置則改到另一側，隔間換成單向玻璃材質，透過光差創造出鏡面與玻璃的兩種視覺效果，同時因為反射又能為整個公共廳區進行補光，變得明亮通透。通過餐廚往內走，則是進入私密臥房領域，入口是一個走入式的衣帽間，櫃體門片採用鏡面，局部地板架高處理，衣帽間就能彈性加入鋼管，變身舞蹈室，架高區域同樣能滿足父母偶爾的住宿需求，甚至增加儲物空間。除此之外，整體空間的色彩與材質保持統一，藉由黑白灰的色塊作為空間色彩關係，過去昏暗擁擠的小宅就此煥然一新。

所在地 / 北京　**家庭成員** / 夫妻　**格局** / 客廳、廚房、餐廳、書房、主臥、衣帽間　**建材** / 木地板、雙層真空玻璃、水磨石、磁磚

文__Cheng　空間設計暨圖片提供__馬志成設計

玻璃隔間製造通透、與反射補光效果。

材質 | 換上清透玻璃隔間改善採光

在衛浴和餐廚之間,採用單向玻璃為隔間,利用兩個空間
的光差特性,從強光一側看弱光一側即是鏡子,但從弱光
一側看強光便會是通透的玻璃,而這塊玻璃也一併將陽台
窗戶的採光進行反射,讓整個公領域變得明亮通透,更滿
足屋主想沐浴時看電視的需求。

暗門設計把櫥櫃巧妙隱藏起來，
降低櫃體的壓迫性。

機能 | 簡約一致色調材質把機能、設備隱形化

原始臥房的隔間予以拆除，成為客廳、餐廳與廚房，
廚房區域增設島台，增加收納與水槽機能之外，從玄
關處沿著牆面發展出看似隱形於壁面的廚具、儲藏櫃
與冰箱設備，廚具材料也特別選用白橡木，室內色彩
與材質保持統一，視覺上更顯得清爽俐落。

機能 | 移動折疊桌讓生活更靈活彈性

為了保留原有的屋高與裝修預
算，將投影布幕規劃於島台上
方的天花板，讓投影成為天花
的一個"線"的元素，餐桌則
配上可移動的折疊桌，不用的
時候可以收納在沙發旁，旋轉
90度之後又可以和沙發形成一
個連動，實現屋主想要吃著火
鍋看電影的美好生活。

玻璃櫃用來放置及展示屋主的旅行相關紀念品。

格局｜小陽台變身成獨立小書房

客廳角落的位置，是原本臥房內的小陽台，過去是堆滿雜物的地方，改造後成為一處與其他空間區隔的獨特角落，是沙發功能的延伸之外，可以在此閱讀、放鬆，若男女主人需要在家辦公時，又能與臥房完全獨立，不會互相干擾。

格局｜架高地面設計，衣帽間兼具舞蹈室與客房

考量父母來訪頻率並不高，因此衣帽間採用局部架高地板手法，整合舞蹈與客房機能，架高地面可彈性懸掛鋼管，另一側則是整面衣櫃，櫃門使用鏡面的處理，女主人就能練習舞蹈，以鋼管的落地點為圓心，周圍擁有125公分寬的活動空間。

玻璃桌面材質，輕盈且維持光線通透性。

雙層真空玻璃隔間，提升隔音降低干擾。

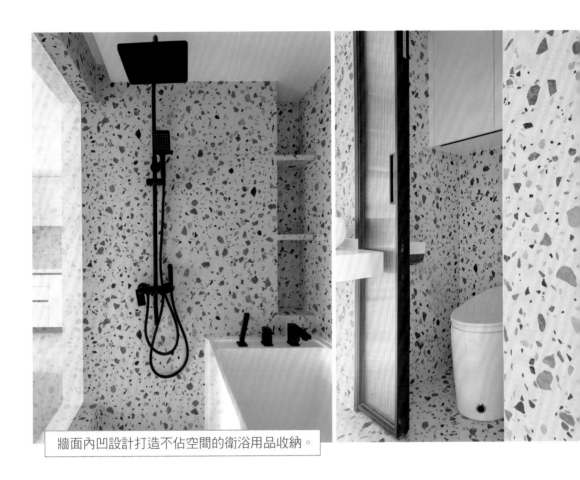

牆面內凹設計打造不佔空間的衛浴用品收納。

機能｜訂製浴缸搭配微型設備，兼顧舒適與實用

衛浴整體選用水磨石材質，即便空間有限，但考慮到屋主的個性化訴求，在寬度130公分的條件下，訂製了浴缸，使用起來依舊舒適，並不會覺得擁擠，另一側的馬桶則搭配微型公寓常用的50公分深度款式，且同樣兼具設計感外型，馬桶上方也規劃儲物功能，滿足日常衛生用品的收納。

⟳ 小宅好住的關鍵設計

平面圖計畫 設計前

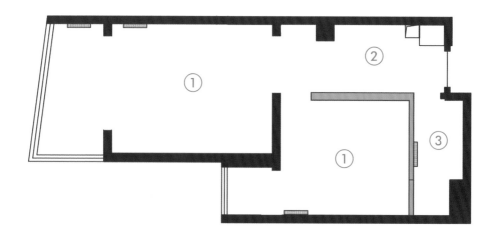

Before 問題 ───────────────────

1. 只有一房一廳，但屋主需要一房，外加一間能讓父母偶爾過來住宿的空間。

2. 餐廚空間都非常擁擠，想要邊吃飯邊看電視，以及吃著火鍋看電影。

3. 衛浴同樣十分狹窄且毫無採光，希望能改善光線並擁有三件式的衛浴設備。

尺寸計畫

1. 走入式的衣帽間走道寬度設定100公分，對於行走或是女主人練習舞蹈而言都非常寬敞舒適。
2. 電視櫃距離中島的尺度為106公分，即便兩人錯身也綽綽有餘。
3. 未使用餐桌時，從沙發到中島的縱深達220公分，舒適不擁擠，擁有更寬敞的視野。

平面圖計畫　設計後

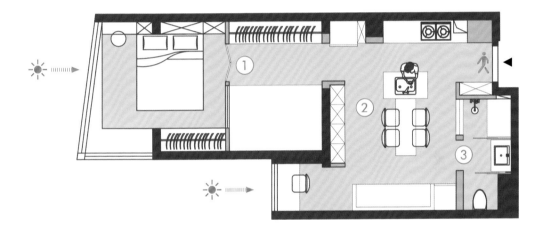

After 改造

1. 原客廳陽台納入規劃為主臥房的一部分，入口以一間走入式衣帽間為配置，衣帽間同時也是客房、舞蹈室。
2. 拆除原臥房隔間牆，將餐廳、廚房、客廳整合於長型空間前端，島台搭配可移動的折疊桌，加上投影布幕，滿足屋主個人訴求，也創造可迴游的寬敞舒適動線。
3. 浴室位置不變，但藉由玻璃隔間的運用，以及訂製浴缸、選用50公分深度的馬桶款式，在130公分寬的空間深度下，使用起來也有剛剛好的舒適。

Column / 1

更多空間格局規劃創意

空間小，在格局動線上，就更需具備巧思，如何對應小空間，做對格局規劃不浪費空間，又能因應個人生活型態，建議不如先從自己的生活方式、習慣思考，空間與生活有了結合，住起來自然就會舒適。

規劃手法 1　彈性隔間創造寬敞與回字動線

Point 1—使用橫拉門更能省下空間坪效

　　橫拉門為左右橫向移動開啟的門片，比起推開門必須預留門片旋轉半徑的位置，使用上較不佔空間，而且可以依照需求轉換為獨立或開放，特別像是廚房、書房、遊戲室等因較無隱私問題，更適合採用橫拉門設計，絕大多數時間都能保持開放狀態，空間看起來相對開闊寬敞。

Point 2—折門可完全開放獲得更好的穿透性

　　折門的特性是使用時可收到側邊，空間可以全然地開放，擁有極佳的穿透性、通透性，而且收疊後又不佔空間，很適合應用於書房、起居室等作為彈性隔間。

Point 3—需留意門片重量與五金的承重性

　　不論是拉門或是折門，在施作、安裝上特別要留意幾個問題。拉門軌道包含懸吊式、落地式作法，前者沒有下軌道，是固定於天花板，因此與天花板的接合是否穩固相當重要，落地式拉門則要注意地面是否具水平。

圖片提供__混混空間設計

　　如果是選用輕盈的懸吊鋁框拉門，建議可以在固定片的地板區域之內，再增加導向片的使用，門片滑動時就會更平穩。另外像是搭配大面積且厚度達10公分的玻璃，或是以實木、鐵框打造的門片，因重量比一般拉門重，必須選用適當載重的重型軌道。

Point 4─根據功能選擇玻璃的透光性、透視性

　　玻璃拉門、折門算是彈性隔間最常使用到的材質，若無隱私上的考量，擁有最佳透光與透視性的清玻璃為首選，另外長虹玻璃因本身具有直線壓紋設計，可創造出透光卻不透視的視覺效果，針對如私領域或是怕雜亂的廚房都非常適合，其它像是方格玻璃、水紋玻璃、夾紗玻璃也有同樣的效果。

圖片提供__F Studio Design Lab

規劃手法2　複合隔間整合機能、放大空間

Point 1—運用矮牆創造自由舒適動線

　　實牆阻隔多半會造成光線陰暗、動線曲折，小坪數空間建議改採取半牆設計，例如沙發後方以半高牆面劃分區域屬性，牆面後方可整合書桌，又同時作為沙發的倚靠，或是將牆面結合壁掛收納、以及玄關座椅等等，具有一定的屏障與界定，又能讓視線維持穿透，光線也可以自由流動。

Point 2—注意矮牆尺寸與預留配線規劃

　　利用半高牆面整合電視、書桌、餐桌等用途時，務必先將網路線、插座等配線路徑一併規劃，隱藏在牆面之內，一方面也要留意牆面的高度設定，在不遮擋視線的前提下，多數這種矮牆會規劃130公分左右，而電視中心點離地約80公分左右。倘若是沙發背牆結合書桌設計，通常只要略高於沙發即可，就能維持空間的通透與延伸感。

Point 3─一櫃多用有效爭取空間坪效

　　小坪數空間另一個爭取空間尺度的做法，就是運用雙面櫃、多面櫃體設計來區隔空間，因為一般隔間牆的厚度約落在7～12公分左右，如果又在原始隔間牆之下設置衣櫃，兩間臥房就各自少了3～6公分的深度，因此建議小坪數住宅可多利用隔間結合多種機能，有界定空間的效果，又能擴增收納機能。

Point 4─精算櫃體尺寸貼近使用需求

　　利用櫃體來做空間區隔時，必須考量櫃體的用途，再決定櫃子的深度要留多少，一般衣櫃深度大約為60公分，開放層架約25公分，書櫃的話則是約莫30～35公分深度就已足夠，若擔心隔音問題，也可以在背板後面加上吸音棉加強。除此之外，如果並非私密性空間，格櫃的背板亦可選用透光性材質，如玻璃等，保有光線和視覺的穿夠與延伸效果。

規劃手法3　隱形界定場域，保留小宅空間完整性

Point 1—造型天花劃分小宅的空間轉換

小坪數空間在捨棄實牆區隔的狀態下，又希望能清楚釐定場域的範疇，透過不同天花板的造型設計，是一種設計方式，例如運用弧形、格柵等變化達到空間轉換的效果，有時候也能一併解決樑柱結構的問題。

Point 2—高低差地板設定取代隔間，打造開闊尺度

對小宅而言，隔間牆是影響整體空間寬闊感的主要因素，有時候也會阻礙光線流動，這時候建議可利用架高地板劃分出臥房、書房、休憩場域，架高的高度設定則取決於想要的功能性，微架高一般介於15～18公分左右，主要在於界定空間或是創造出如臥榻、休憩的使用，若希望納入收納、睡寢需求，通常會以30～45公分做規劃，可搭配具穿透感的玻璃拉門，解決採光問題，也可延伸放大空間感。

Point 3—異材質地板設計拉出場域界線

為滿足小宅寬闊的生活尺度，在於公共廳區，如玄關、廚房，可拆除隔間、藉由不同地板材質拉出界定，優點是空間感得以延伸，不過在設計時必須注意，基於好清潔與防水考量，廚房地坪建議採用磁磚材質，玄關則考量落塵需求，通常會使用較為粗糙的材質，而在鋪設異材質地板時，也得留意施作的先後順序，一般來說是先鋪磁磚再貼木地板。

Point 4—運用顏色、線條彰顯空間屬性

在小坪數空間，比例的分割、量體的呈現與顏色的配置，通常扮演極重要的設計關鍵，除了透過天花、異材質地坪設計區隔場域之外，顏色和線條也是另一種隱性隔間的巧思，譬如藉由造型門拱線條，展現空間過渡、轉換，或是像北歐風空間，客廳以白淨色調配上彩色傢具；餐廳書房則可換上木色為主的基調，利用建材的變化明顯區隔不同空間。

圖片提供__KC design studio

Chapter 2

還在擔心空間不夠大！？
善用建材、色彩特性，放大延伸
感覺超寬闊

Point 1 小空間，這樣做瞬間變更大

空間太小又要隔出3房，隔牆自然多，剩餘的公共空間也容易陷入被隔牆圍繞，缺乏採光的困境。想讓光線毫無阻礙地引入室內空間，除了開窗之外，還可利用穿透材質將光線接引入內。

[困境 1]

✕ 隔牆太多，空間變得又小又陰暗

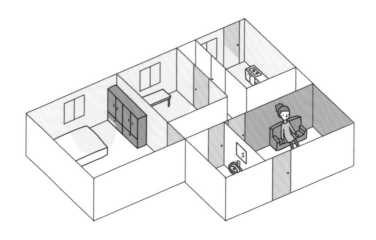

[破解]

◎ 半開放、開放設計，少了隔牆迎進光與風

　　在規劃隔間時，必須思考居住人數和各個空間的使用坪數是否合理，居住人數較少，可視情況刪減房間數量，若有需要可加強房間機能，讓一房有多種用途。尤其是小坪數房子，客、餐廳和廚房是經常走動的地方，使用頻率高，建議採用無實牆區隔的空間或是可彈性移動的門片，才不會顯得擁擠壓迫。另外像是玄關與客廳的區隔，可透過穿透式隔間設計，例如鐵件結合格柵的做法，或是採取櫃體懸空的設計，既可區隔空間又能延伸空間。而當隔間太多但又需要收納時，不妨運用整合性隔間、雙面櫃設計手法，既可省空間又能達到機能性的滿足。

圖片提供_知域設計X一己空間制作

手法 1　半牆設計，保持視覺寬敞感

居家動線應該呈現視覺的開闊感，才能突顯舒適的氣氛，特別是小坪數的空間，建議牆面不一定要做滿，半牆不易讓人感到壓迫狹隘，半開放式設計又可兼顧家人互動、空間開闊感。

手法 2　彈性拉門，兼具隱私與空間感

空間小不一定得做實牆隔間，可隨意收納或拉起的彈性拉門，能依照需求轉換為獨立或開放空間，好比與餐廳相鄰的多功能空間以可移動的拉門為設計，當有訪客需要隱私的狀態下，往左拉可以讓書房、臥房具有隱密性，不用的時候又能集中收在餐廳牆面，讓空間看起來更寬闊。

圖片提供＿深活生活設計有限公司

圖片提供＿木卡工作室

手法 3　穿透屏風，有效開闊空間廣度

密閉式的空間容易讓人覺得狹窄壓迫，特別是在公共廳區的部分，不妨變換隔間材質和形式，比方玄關和客廳之間想要有所區隔，可使用穿透性隔間，例如以格柵打造而成的造型屏風，可讓視線、光線穿透延伸，達到開闊空間的效果，同時又具有一定的界定功能。

[困境 2]

視線老是碰壁，空間窘迫生活難放鬆

[破解]

通透、鏡面材質做延伸，小空間也有大視野

　　小坪數除了空間狹窄擁擠，最擔心採光不佳，一旦陰暗會造成更為狹隘的錯覺。想讓光線毫無阻礙地引入室內，除了開窗之外，還可利用穿透材質將光線接引入內，清玻璃材質具有視覺穿透的效果，加上質感輕盈明亮，用於空間中將有助於放大整體空間感，並能引導光源均勻分布，為空間帶來清爽舒適的氛圍。例如將實牆改成玻璃牆，臥房裡的採光自然就能引進公領域，若考量到隱私，則可再加裝線簾或者百葉窗；除了引導光線功能外，視線因為通透材質得以延伸，也能有放大空間的效果。另外，減少實牆讓光線均勻穿透各個空間，再藉由明亮的色彩搭配，就能讓明亮度大大提升；藉由收納櫃將原本多樑柱不夠方正的空間修整成平整的立面，簡潔空間線條的同時，也滿足了居家收納需求。

圖片提供_王采元工作室

手法 1　櫃體貼飾鏡面，讓空間加乘延展

牆壁裝置鏡面材，常是放大空間的重要技巧。空間中選一面牆或櫃子，利用鏡面材質來做鋪陳，透過其折射特性，能夠延展出空間深度，進而達到放大作用。不過壁面要安排鏡面材時，要更為謹慎考量，切勿過份濫用，以免干擾視覺，造成反效果就不好了。

手法 2　長虹玻璃，創造延伸的空間感

空間一道牆選擇以玻璃隔間為主，可以替原本狹小環境加乘放大效果，同時也能在看似繁複的格局中爭取充足的採光，讓整體感觀變得輕盈；如在客廳和衛浴之間以長虹玻璃為介質，不但能讓視覺延伸得較遠，創造出來的空間感，也更為簡潔、清爽，更重要的是，長虹玻璃亦具有些微隱私性，不至於全然的穿透。

圖片提供__木卡工作室

| 內行人才知道 |

圖片提供__向度設計

黑玻、墨鏡、清玻璃，傻傻分不清

玻璃的種類繁多，不同的玻璃會有不同的使用方法，應依照空間和設計來做搭配。像是具有穿透感的清玻璃，價格低廉，具有放大空間感的功效，適合小坪數居家使用；另外，若較為注重整體空間色調與氛圍搭配，也可選擇茶色玻璃或黑色玻璃。

[困境 3]

紀念品通通擺出來，空間感覺雜亂又擁擠

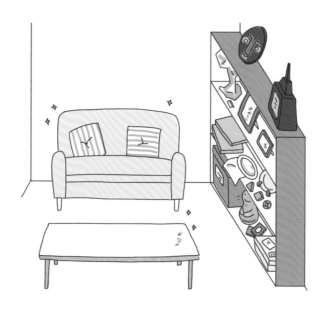

[破解]

輕量感壁櫃、層架，收得好看又能保有空間感

　　房子已經夠小了，如果還想擺放生活物件達到風格與生活感的滿足，物件的整理與收納方式絕對是關鍵。首先，空間是不可能無限，藉由重新規劃之際，建議把多年不用又無保存價值的東西列成清單，整理時一併丟棄，有丟才能收。另外，收納空間的尺寸與位置設計也相當重要，當坪數有限時，最好選擇非主要動線上的空間規劃，例如：沙發背牆、電視牆的轉角處等等，收納櫃體的設計則應以簡單俐落的層架或壁櫃為主，避免落地式櫃體佔據太多的空間，材質上可以運用玻璃或是鐵件，讓櫃體的線條更為輕盈、細緻，看起來就不會過於壓迫沉重。

圖片提供＿實適空間設計

手法 1　壁櫃整合設計，模糊量體的存在感

小坪數空間的櫃子完美地與牆面融合成一體，看似壁面造型的綠色立面隱藏了許多收納量體，同時可以化解單調與壓迫感的效果。

手法 2　避開主動線規劃層架，不佔空間也有生活感

既然空間坪數已經受限，就別在走動頻繁的區域安排擺飾收藏，而是應該選擇非主動線上的位置，比方像是樑柱旁的畸零角落，並且藉由以簡單線條構成的層架取代笨重的櫃體，既不用擔心壓縮空間感，同時又可達到空間氛圍的營造。

圖片提供＿森叁設計

| 內行人才知道 |

圖片提供＿集空間室內設計NestSpace

生活感，其實是擺出來的

如果想擺放較多擺飾品時，為了避免數量過多顯得凌亂，應將物品簡單分類，將相同或性質接近物品擺放在一起，視覺上看起來較為整齊，也能達到為空間加分的效果。

打破常規軸線，交疊紋理建材，創造多重角度空間景深。

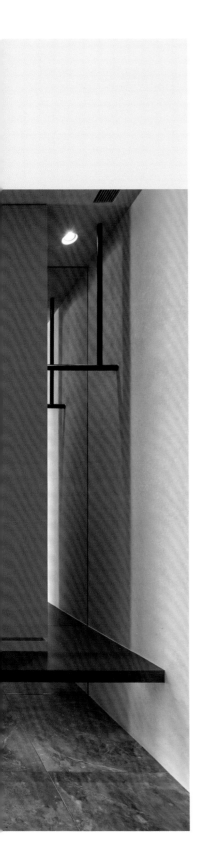

問題點 『長形空間侷限格局配置，大客廳或者大臥房？只能2選1。』

屋主需求 『有品酒嗜好，希望有屬於夫妻倆人的放鬆吧檯。』

　　一對年輕的都會型夫妻，喜歡在閒暇之餘品品小酒，對於空間則願意嘗試跳脫制式框架的各可能。想要讓理想與現實平衡總是會有一段過程，從常規的空間設計邏輯來說，客廳和主臥得要配置在採光最好的位置，但這樣的常規卻無法套用在這間單面採光的長形空間，因為會使客廳和主臥都會顯得過小。因此，將主臥移至內側，採光較好的位置則配置次臥，目的是讓客廳更為開闊明亮，為小坪數營造出空間感，同時保有與家人共處的生活場域。

　　能有一隅對坐品酒的地方，是夫妻倆人的共同夢想，然而鄰近大門的廚房位置限制了原本開放式的構想，採用另外規劃輕食吧檯區的作法，運用豐富紋理的材質營造出小酒館般的輕鬆氛圍，也因此增添了空間特色。公共空間也以異材質在地坪拋出曲線呼應天花板，打破中規中矩的軸線安排，藉由線條的收放界定區域，同時展現與眾不同的空間張力。

　　屋主除了藏酒，也有不少鞋子和衣服收納的需求，但不讓櫃體佔據太多空間，入口頂天而不貼牆的鞋櫃提供充足的空間，形塑出玄關也讓臥室房門不會正對大門；主臥採用開放式衣櫃，穿透式的格柵屏風維持視線的穿透。

　　整體空間順著自然光流動的方向走，利用穿透的手法和材質儘可能將光帶入每個角落，一致性的柔和色調之中，適度的運用不同材質打造多元的居家樣貌，在便利的機能之外也能享受輕鬆愜意的居家生活時光。

所在地 / 台北市　**家庭成員** / 夫妻＋1小孩　**格局** / 客廳、廚房、餐廳、主臥、小孩房　**建材** / 乳膠漆、海島型木地板、不鏽鋼、鐵件、鍍鈦金屬、烤漆、系統板材、磁磚、賽麗石、玻璃

文__陳佳歆　空間設計暨圖片提供__KC design studio

靈活配置格局，每個空間都舒適。

格局｜挪移主臥成就開闊明亮大客廳

單面採光的長形空間同時配置主臥和客廳會使兩個區域都太小，因此將原本配置在採光面的主臥和次臥位置交換，放大公共區域營造更為開闊的空間感。

動線｜曲線地坪和天花板帶領動線走向

利用異材質拼接創造地坪曲線，大膽打破水平垂直軸線，不但無形之中定義出玄關、輕食區與私領域，也成為動線引導。

機能｜輕簡機能吧檯延伸生活樂趣

為喜歡小酌的屋主在公共區域崁入輕食吧檯並規劃簡單的展示、藏酒及收納機能，讓屋主夫妻可以享受兩人的專屬時光，朋友來訪時也方便準備輕食。

弧形線條讓動線更有方向性。

巧思機能設計，提升生活便利性。

立面斜切設計賦予私密性。

格局│透過拉門開闔把次臥變套房

次臥重新規劃於電視牆後方，特意斜切10度的牆面給
予適當的私密性，而其實斜切立面後方還隱藏著一道玻
璃拉門，當門片闔起時，次臥就能獨立享有衛浴機能，
彈性地變成一間套房格局。

材質 | 混搭材質創造複合視覺焦點

在簡約的空間中以複合材質局部混搭，進門就可以看到石紋從地板延伸至吧檯櫃體，質樸的陶磚立面成為空間焦點，再以暖色調的間接燈光與金屬層架相輝應，從材質細節中展現大器的空間氛圍。

紋理材質搭配，打造空間特色。

機能 | 格柵屏風輕巧分隔寢臥區域

規劃開放式衣櫃保持臥房空間的開闊感，僅用格柵式的造形屏風界定出更衣區，微穿透設計的好處能適度阻隔衣物雜亂線條不干擾視覺。

簡化生活機能，空間更自在。

◌ 小宅好住的關鍵設計

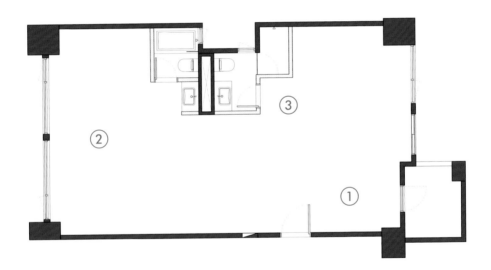

Before 問題 ─────────────

1. 廚房鄰近入口,格局變化上有所侷限。

2. 長形空間讓客廳和主臥無法同時放在採光面。

3. 主臥入口對到大門,有隱私上的疑慮。

尺寸計畫

1. 次臥門口位在公共區域，以斜切10度牆面適度遮蔽入口，當隱藏的玻璃拉門關閉後，可以成為一個完整的套房。

2. 輕食吧檯依照整體牆面的寬幅來配置比例，280公分的寬度足以放置電器設備，在空間中也能成為視覺重點。

3. 小空間中置入200公分的大橢圓餐桌，除了呼應整體空間曲線，居中擺放能導流雙向動線。

平面圖計畫 設計後

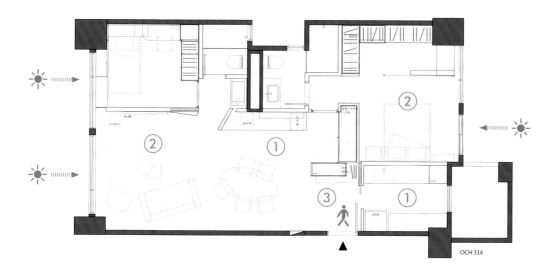

After 改造

1. 保留獨立式廚房，外區另外規劃輕食吧檯，一併將紅酒櫃整合設計。

2. 主臥移置內側，放大與家人共處的公共區域，給予開闊舒適感受。

3. 利用鞋櫃形成玄關同時遮擋主臥入口，也擴增出充足的收納機能。

放大框架顛覆視覺印象，
雙層小宅也能有大尺寸空間感。

問題點　『原本都是封閉格局，室內空間感覺狹窄、採光不佳。』

屋主需求　『改善空間感、減少房間數、符合生活機能需要。』

　　1989年的電影《親愛的，我把孩子縮小了》給了設計師小宅設計的靈感。概念是，當人的體積變小時，環境物體看起來就顯得巨大，於是設計師將這個概念反向思考，套入在這間只有20坪的小宅，玩一場視覺錯視的遊戲，將複層空間改造成現代、舒適的都會公寓。

　　在天花板高度與坪數的限制下，刻意將比一般比例還要大的框架放在小空間裡，包括大門片、大木框、大開口、大色塊等元素，破壞常規的視覺比例無形之中形成空間感放大的錯覺。同時將原始封閉的隔間全部打開，利用活動門片作為客房隔間，讓陽光可以進入廚房與餐廳，住家格局也因此更為開放彈性。

　　餐廚區域天花板較低，運用大量的白色放大空間感，並讓白在不同材質、分割和形狀之間表現出質地的層次與變化。原有二樓封閉隔間拆除，刻意敞開大開口與大型門片，在樓板高度嚴峻的條件下使垂直與平面的動線、視線能創造互動連結，營造如同16：9的電影畫面比例，讓人能忽略夾層高度壓迫感，塑造舒適開闊的空間視覺。

　　運用視覺對比的手法放大空間，加上穿透設計讓空間能高度連結，讓小坪數的使用者間無論在那個空間，都能因為有良好的動線進而產生緊密的互動。並在自然材質、微型造型，打造出簡約現代的住宅框架，在都市繁忙商圈內平靜細刻屋主的優雅生活。

所在地／台北市　**家庭成員**／2人　**格局**／客廳、餐廳、廚房、主臥、客房、衛浴　**建材**／水泥、樂土、烤漆、超耐磨木地板、人造石、磁磚、木皮、鐵件

文＿陳佳歆　空間設計暨圖片提供＿深活生活設計有限公司

位於餐廳中間的H型鋼，化為造型光柱點亮用餐氛圍。

材質｜大量白色放大空間感

餐廚區域天花板較低，運用大量的白色放大空間感，並讓白在不同材質、分割和形狀之間表現出質地的層次與變化。

格局｜適當拆除隔間釋放空間坪數

將原本擋住採光的隔間拆除後維持空間完整性，利用活動門片保持空間的連結與使用的靈活性，陽光也可以滿溢空間。

減法規劃，小空間也有大格局。

相鄰區域共用機能，擠出更多坪數。

機能｜打造複合機能櫃體減少空間阻隔

入口處的櫃體結合鞋櫃與電視牆功能，同時具有區分
玄關與客、餐廳關係的作用，鞋櫃與餐桌以懸浮設計
讓體量與地面脫離，使視覺的重量變也得輕盈。

高明度色彩瞬間放大空間。

材質｜善用多樣材質打造清爽餐廚房

餐廚房位於樓板下方較容易有壓迫感，
運用樂土、烤漆、磁磚等不同材質的白
色統整視覺，從光影細節中表現層次。

置入視覺對比概念空間不壓迫。

機能｜放大牆面框架挑戰視覺判斷

將超過一般腰線的木框架裝飾在牆面，
不對等的比例誘導視覺讓人有空間放大
的錯覺。

開口突破尺度讓視線引導動線。

動線｜展開大開口連結光線與動線

二樓在樓板高度嚴峻的條件下，利用穿透玻璃材質打造大門片將視野闊展到最大，連結起垂直與平面動線創造出良好互動。

主臥房以簡約純淨舒適為主。

材質｜玻璃、木質交錯勾勒現代俐落感

將原有二樓封閉隔間拆除，一道活動隔門劃分了睡眠區與書房的界定，黑色線條、木質與玻璃材質的搭配運用，勾勒出現代俐落的語彙，亦形成空間的端景效果。

小宅好住的關鍵設計

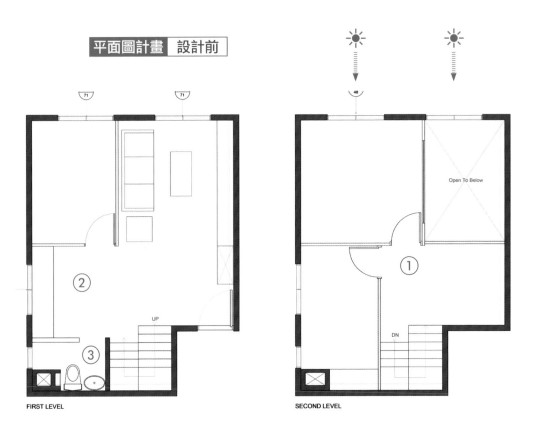

FIRST LEVEL

SECOND LEVEL

Before 問題 ───────────

1.二樓過多隔間讓光線無法進入,原本就狹小的空間顯得更為零碎。

2.餐廚房太小加上房間入口位置使動線不流暢也阻礙空間運用。

3.衛浴太小沒有乾濕分離,使用起來不舒適。

尺寸計畫

1. 破除一般對於半高飾板的既定印象，一樓牆面特別設計145公分高的木框，以非常規尺寸來放大空間感。
2. 將二樓開口對半，以寬約230公分的門片讓開口能完全展開橫向視野。
3. 二樓牆面刻意內退50公分讓出一條空中走道，利用多重動線提升空間移動的層次感。

平面圖計畫 設計後

FIRST LEVEL.

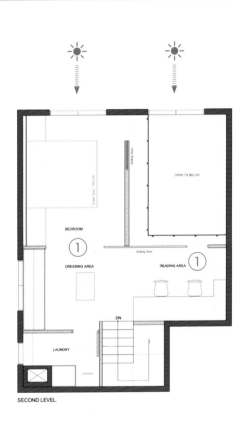

SECOND LEVEL.

After 改造

1. 拆除隔間後，大開口設計結合挑空，使空間不受高度侷限也能有好視野。
2. 縮小次臥讓出空間給餐廚房，再以大寬幅的活動式門片讓格局彈性，空間也能彼此連結。
3. 牆面外移，給予充足的淋浴空間，劃分出乾濕區整個衛浴更加乾爽。

挪動書房，
改用玻璃隔間順向引光，
空間更通透開闊。

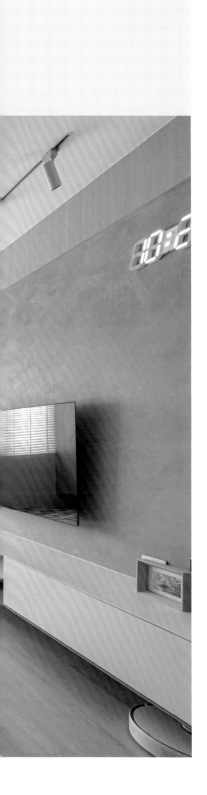

問題點 『屋高很低，空間又暗又窄，住起來很壓迫。』

屋主需求 『空間要開闊顯高，主臥還需要多一間衛浴和更衣室使用。』

　　這間40年的住宅有著老屋常見的結構問題，原始屋高過低，僅有2米8的高度，對於身高高達195公分的先生，天花板顯得很壓迫。同時僅有的兩側採光還被陽台與臥室隔牆阻擋，中央的客廳、餐廳昏暗無光，空間又暗又小。

　　於是拆除低矮天花，盡可能還原空間高度，同時改以較省空間的嵌燈，讓整體僅降低5公分，維持2米75的空間高度，讓先生自在遊走也不壓迫。而在格局上，考量到日後會有小孩，再加上有在家工作的需求，夫妻保留小孩房和書房空間，維持原先的三房格局，透過細部調整完善機能。

　　將書房縮小，讓給餐廳使用，牆面則改為玻璃隔間與拉門，中央更開出玻璃圓洞，盡可能讓採光引入室內，驅除空間陰暗，視野也通透放大，不論從客廳、書房或餐廚，都能有效延展空間，全室再搭配全白色系，整體更開闊明亮。而原始小孩房、主臥與衛浴有著三門相衝夾擊，產生狹小過道的問題，為了不浪費過道空間，封起小孩房入口，與書房合併為大套房，改從書房進出，同時主臥也調轉入口，並挪動衛浴，將兩區入口安排在同一水平面上，過道無形融入空間，也讓客廳、衛浴更完整方正。

　　至於女屋主夢寐以求的更衣室，則挪用原始的衛浴空間設置，並在主臥多設一間馬桶間，整體1.5套的衛浴有效提升居住舒適度，兩人同時使用更方便。

所在地 / 新北市　**家庭成員** / 夫妻　**格局** / 客廳、餐廳、廚房、主臥、小孩房、書房、主衛、客衛、陽台　**建材** / 司曼特藝術漆、烤漆鐵件、超耐磨木地板、玻璃磚

文__Aria　空間設計暨圖片提供__森叄室內設計

牆面下半部改用長虹玻璃，透光不透視，保有一定隱密性。

材質｜玻璃書房，通透引光打亮空間

雖然書房與後陽台相鄰，但望出去的視野凌亂、採光也不佳，索性封起面向後陽台的窗戶，而面向客廳一側的牆面則設置玻璃隔間，搭配玻璃拉門，並在牆面開洞，盡可能從廚房引光，維持通透視野。

收納｜電視牆內藏儲藏室，櫥櫃向外延展

由於原始結構有著畸零角落，順應電視牆面藏入0.8坪大的儲藏室，內部安排層板，穿過的衣物、大型家電、行李箱都能收在這。同時相鄰的封閉廚房改為開放，沿牆增設冰箱、電器櫃，有效擴增收納空間，廚房多賺1.5坪更好用。

電視牆與儲藏室門片同色，一致的視覺效果巧妙隱藏入口。

小孩房隱形門設計，打造俐落整齊的空間立面。

採用玻璃格門巧妙引光，更衣室也能維持開敞明亮的視野。

格局｜調動書房與衛浴，消弭無用廊道

小孩房入口轉向，安排在書房內側，同時挪動衛浴，與小孩房、主臥設置同一立面上，原有的狹小廊道巧妙融入空間，從客廳即能進出客衛，空間不浪費，還能維持客廳、書房的方正格局。而衛浴內部也重新配置，洗浴更從容有餘裕。

收納｜主臥增更衣室與馬桶間，機能一應俱全

拆除原始衛浴，與主臥合併改為更衣室使用，內部安排一字型衣櫃，夫妻兩人的衣物、包包都能收好，同時納入門前廊道，改為半套的馬桶間使用，主臥空間不僅多1坪，收納、如廁機能也更完善。另外，臨窗面的畸零角落也創造出臥榻、層架收納功能。

◌ 小宅好住的關鍵設計

Before 問題 ─────────────

1. 客廳、餐廳狹小又無光。

2. 廚房封閉又顯小，電器都放不下。

3. 主臥太小，找不到能安排更衣室的空間，且衛浴只有一間不夠用。

尺寸計畫

1. 順應195公分高的男主人,門高改與大樑齊平,拉高至240公分,進出不壓迫。
2. 廚房以女屋主為主要使用者,廚具安排90公分高,使用順手不疲累。
3. 書房內推120公分挪給餐廳,才能留出足以放置餐桌的空間。

平面圖計畫 設計後

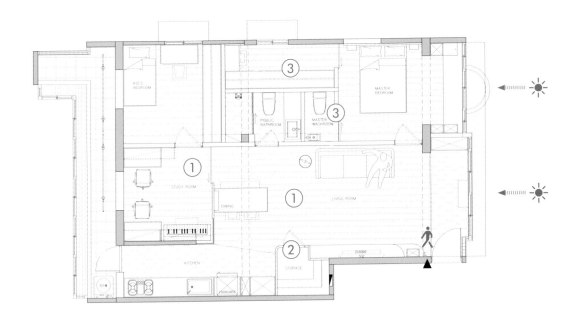

After 改造

1. 縮小書房,橫向擴大客廳、餐廳空間。
2. 順應客廳畸零角落增設儲藏室,家電、行李箱都能放,也能當污衣櫃使用。
3. 衛浴向客廳外挪,讓出空間給主臥增設更衣室與馬桶間。

同色調弧形立面，
延伸挑高視覺感受。

問題點 『原始樓板有高低差，未充分利用挑高優勢。』

屋主需求 『希望空間設有樓梯，並且富含異國情調。』

　　打開大門會先穿過窄長的玄關，設計師以引導性的動線，製造出入口神祕感，一側立面材質利用大片灰鏡，另一側運用系統櫃和木作創造延伸性，讓視線不會被阻隔，並將主要收納規劃於此。

　　每個走進此空間的人，都難以想像扣除挑高空間，實際坪數只有12坪。業主是一位很了解自身需求的女性，且對於空間的想像豐富、明確，過去長期在歐洲旅行、出差，嚮往國外的都會城市風景，喜愛拱形、弧形建築元素，並希望家中設有特殊造型、華麗的舒適樓梯。

　　由於空間坪數不大，尺寸上勢必斤斤計較，因此客廳、廚房、餐廳沒有特別界定，形成機能完善的開放式公共空間，以相同色調創造一氣呵成的視覺感受。中島檯面為人造石，造型考量到整體空間以弧形為主，而呈現圓弧狀，下方則以木作結構搭配灰泥包覆酒櫃。客廳設有電視櫃，而電視、廚房上方則有鐵件層板，讓業主可以陳列收藏品和書籍。

　　小空間必須要避免過多需求讓小宅顯得更小、更零碎，因此在建材選用與動線規劃，皆是帶有連續面的設計，例如樓梯旁的立面利用義大利灰色藝術塗料，而灰粉色踏階一層層向上延伸，一眼望去相當開闊。透過上下夾層分割更衣室與臥房，樓梯旁以鐵件和灰玻形塑出內外窗景，透過玻璃隔間的穿透性放大原有空間。

所在地 / 台北市　**家庭成員** / 1人　**格局** / 客廳、廚房、餐廳、主臥、更衣室、浴室　**建材** / 烤漆鐵件、超耐磨木地板、金屬磚、玻璃磚、灰泥、義大利進口塗料

文__Jessie　空間設計暨圖片提供__湜湜空間設計

將客廳、廚房、餐廳透過中島吧檯結合在一起。

動線│調整廚房位置收整動線

將原有的廚房位移之後，讓廚房與電視共用同一立面，並在空間中央設置中島吧檯，將酒櫃藏在中島底部，達到兼具收納大型家電又能當作用餐吧檯的功用。

機能│可收納又可穿鞋的玄關

狹長的玄關利用弧形儲藏室放置除濕機、貓砂盆，以及鞋櫃，一旁設計較低的櫃體，讓業主能坐在上面穿鞋。

不只有收納功能的玄關。

空間以暗色調創造一氣呵成的延續視覺感受。

材質｜運用暗色系打造延伸視覺

業主不喜歡清新或明亮的顏色，反而喜好暗色調的配色，再加上空間採光條件很理想，搭配上灰色、深灰色、深藍色的建材，空間並不會因此變得很暗。沙發與樓梯選用粉色來中和灰色調，並創造出延伸感。

機能｜弧形沙發可當作留宿客房

空間除了床墊、中島椅之外，其他都是訂作傢具。訂製沙發藏有業主的貼心，她希望有一側是可以讓人整個躺下來，方便親朋好友作客時能舒服地睡一晚。沙發右方設有插座與可放置飲料或點心的平台。

訂製弧形沙發，可一物多用。

階高設置為18公分，圓弧踏面的寬幅為28～40公分。

機能｜設置舒適安全的樓梯

樓梯的台階結構為木作再上塗料，設計師考量到舒適好走與安全性，階寬與階高都有仔細考量，其中一階樓梯延伸到窗邊，讓寵物貓咪能在樓梯與窗邊走動、玩耍。

格局｜利用樓梯區隔公私領域

原有空間設計並沒有公私領域的區分，而通往臥房的樓梯正是作為業主社交與休息的橋樑，並藉由顏色區隔開來。樓梯階面未打光時為灰粉色，與一旁的沙發顏色相近，讓視覺與公共性緊扣在一起，而臥房與立面則利用偏橘紅色調，帶出柔和的休憩氛圍。

藉由樓梯與立面色調區分公私領域。

立面運用大量異材質，混搭材質又能降低預算。

材質｜浴室利用異材質省預算

為了讓預算符合業主需求，又不失質感，浴室運用
大量異材質。在洗手檯兩旁立面運用水泥粉光面，
從浴缸開始的立面才利用石材、磁磚，降低立面全
數使用石材的預算。

◌ 小宅好住的關鍵設計

平面圖計畫 **設計前**

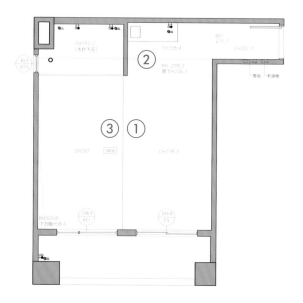

Before 問題 ───────────────

1. 原有空間沒有格局可言，是個開放式的大空間。

2. 建商所附的廚房非常小，只能煮基本餐點，無法備料備菜。

3. 外部樓板平面與內部樓板平面有60公分的高低差。

尺寸計畫

1. 樓梯階高設置為18公分，圓弧踏面的寬幅為28～40公分，舒適好走。

2. 挑高樓層高度設定為177公分，156公分的屋主要站立也沒問題。

3. 更衣室高度同樣根據屋主身高，規劃為163公分高。

平面圖計畫 設計後

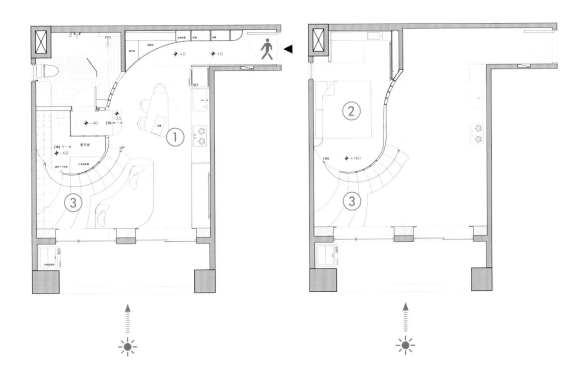

After 改造

1. 將廚房移位並擴大成中島，與餐廳結合在一起。

2. 單層平面只有12坪，利用挑高增加5坪的面積。

3. 利用華麗、上下樓安全的樓梯設計，放大視覺感受。

搬進山林中，
與自然共處的個性小宅。

問題點 『原始格局的室內採光不佳。』

屋主需求 『希望房間有採光，然後擁有三房機能。』

　　嚮往山林的人，會忍不住往山林前進。就像這戶喜歡露營的一家人，就這樣搬進山中，讓生活跟大自然真正融為一體，當落地窗外綠意濃密，藍天白雲，幸福就在身邊。

　　這間屋子的原始屋況是三房兩廳，舊有格局讓採光無法流瀉到室內，因此重新裝修時打掉牆面重新部署。設計師改讓走道靠窗，窗外日光就能自然導引到屋內，座落在主臥和客廳之間的書房，以日式木頭窗櫺做隔間，增添日雜氣息，也讓木頭窗櫺的玻璃透進日光，書房在白日也顯得明亮。

　　最常使用場域是公共空間，加上屋子本身樓高較高，刻意不做天花板讓空間顯得寬敞。因為沒有習慣看電視，只會偶爾播放卡通給幼兒觀賞，也不需要電視牆的存在，架著投影機投射牆面，換取空間更加寬鬆。小孩房的壁面開了道窗戶，引進採光也讓房間多些親密關聯。原本室內有兩間廁所，考量到居住人口簡單，捨棄其中一間廁所，改成主臥房中的更衣室兼儲藏空間。

　　為了貼近自然，室內以大量木料堆疊山中木屋質感，從客廳沙發背牆的書房隔間，到餐廳的洞洞板和帶著鋸痕紋路的栓木皮，室內外彷彿無隔閡，居家空間就像是一處寬敞舒適的大帳篷般，而這一家人每天都像在露營般盡情享受窗外好風光。

　　擁有一間自己的小宅，跟珍惜的家人共處，共度每一天，這樣的生活很幸福。

所在地 / 新北市　**家庭成員** / 夫妻＋1女　**格局** / 客廳、廚房、餐廳、主臥、小孩房、書房、衛浴　**建材** / 洞洞板、松木集層板、鋼刷木皮、超耐磨地板

文__蔡婷如　空間設計暨圖片提供__一葉藍朵設計

混搭風格凸顯空間主人性格。

材質｜木質調搭配一些金屬和玻璃，溫暖有個性

此案主要走自在混搭風，風格中摻入溫暖日雜、慵懶 Loft和個性輕工業，就像從事影像工作的屋主夫婦性情，豐富個性和喜好露營親近自然都融入在空間裡，以原木、金屬和玻璃呈現出來。

收納｜洞洞板＋書報架增添生活感

餐廳旁的洞洞板與利用隔間牆內嵌規劃的書報牆，是一家人的喜好主題區；像天空也像大海的靛藍色繪畫牆，是給喜愛塗鴉的女兒一個日常發揮的小天地。

小孩房採用玻璃拉門，讓光線通透。

改一下動線，就解決採光問題。

動線｜走道從中央挪到靠窗處，引進日光

為了改善舊有格局的暗房問題，原本走道在屋子
中央，如今改成靠窗處作為室內的通道路徑，就
能順理成章引入光線，也因此各個空間都用半開
放式規劃，光線就能互相支援。

書櫃層架局部搭配玻璃門板，降低凌亂感。

格局｜日式木窗創造良好採光與通風

書房嵌入大面的日式木窗，讓視線、採光與空氣，一路從客廳延伸至主臥，省去走道的浪費也讓動線更為流暢。原先陰暗的小孩房加設置一道觀景窗，不僅帶來採光，也增加與父母在書房時的有趣互動。

材質｜貼近自然的栓木皮與一抹綠牆

主臥房拉大一些，讓窗戶採光可以更完整進入室內，以日光喚醒每個清晨。印入眼簾的一抹綠，配上屋主挑選了一款紋路與觸感皆十分強烈的栓木皮，視覺感受更貼近自然氛圍。

具有鋸痕紋路的栓木皮，貼近森林質地。

白色沖孔滑門清爽，且能雙邊拿取。

透過設備方向調整，就能有放大感。

收納 | 捨衛浴擴增更衣區，強化收納機能

室內僅25坪，但要容納三房規劃，收納變成需要善加規劃的項目。因應屋主的需求，將原始主浴變更為更衣空間，利用開放櫃體劃分睡寢區域，爭取坪效之外，衣櫃也往上做到天花板處，靠上方以櫃門來遮蔽收納物。

材質 | 靛藍磁磚猶如沐浴大海中

浴室調整了設備的方向，讓使用動線更寬敞舒適，磁磚也挑選了與餐廳牆面呼應的靛藍色磁磚，像是在沐浴大海的清爽氛圍。

◌ 小宅好住的關鍵設計

平面圖計畫 **設計前**

Before 問題 ─────────────────────

1. 原始格局多暗房,讓空間內的採光無法被均勻散佈,顯得陰暗。

2. 三房兩廳兩衛的規劃,讓25坪的室內空間顯得擁擠。

3. 原本的主臥房空間偏小,小孩房無開窗,整體感覺通風和採光都
   欠佳。

尺寸計畫

1. 將推門改為拉門，省去推門需要約70公分的迴旋空間，而且拉門可以讓房門敞開時，每個空間都變得寬敞許多。

2. 餐桌銜接著櫃體，是特別依據空間量身定制，餐桌面可以收進櫃體約35公分。

3. 衛浴馬桶和洗手台挪了個方向，讓馬桶四周空間變寬鬆，多了將近10公分的空間。

平面圖計畫　設計後

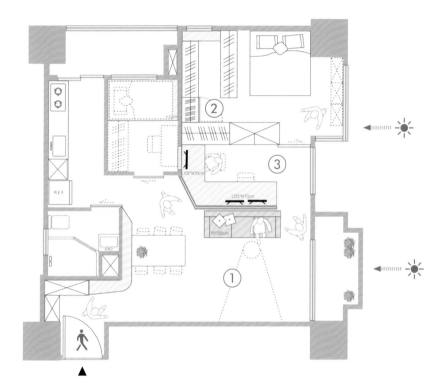

After 改造

1. 拆除空間後，重新規劃動線和格局，讓動線改為環繞窗邊，讓採光得以入內。

2. 捨棄主臥房衛浴，改為更衣室空間，滿足日常收納機能。

3. 書房和主臥房相連，改為半開放設計讓採光和通風變好了。

融入童趣鮮豔色彩陪襯，
打造豐富愉悅的精緻小宅。

問題點 『原始格局不符生活需求，整體空間利用效率低。』

屋主需求 『希望有視覺開闊的公共空間以及充分的收納空間。』

　　「我希望將我走過的路、看過的風景像收藏品一樣濃縮在我的小屋中」，秉持著這樣的信念理絲設計將男主人這些年走過的地方一一具象轉化並灑落在屋內各個角落。　步入屋內，迎面而來一股漸進的流動感，貫穿開放動線中的生活互動，牆面轉折處植入圓弧，緩衝與樑柱銜處的稜角，圍塑有機型的流線載體，輕柔感在弧曲之間綿延無盡。為了避免過多元素而造成的混亂感，刻意不做主牆設計，取而代之的是象徵開始的純淨白牆；並搭佐具有童趣精神的紅、藍、黃鮮豔色彩勾勒出空間邊界；與傢具擺件相互陪襯，歡愉的跳躍感譜出一段旋律讓進入屋內的人們快速進入這豐富又愉悅地氛圍；整體用色大膽卻又相互和諧。

　　除此之外，大膽調整房屋格局，設計師拓展主臥室牆面並打通臥室牆面，整體格局顯得更為方正俐落；更是拉高空間使用率，增設更衣室搭配活潑靚紫色，為主臥室注入明亮氛圍。設計師妙手生花，在有限坪數內擴增廚房空間，與玄關俐落劃分區域也順利提高廚房收納機能，一度放置在廚房外的冰箱與咖啡機也完美容納。踏入屋內低頭凝視，腳底感受著木質地板傳出的溫潤、暖和感，抬頭又見大片落地窗邀光入室，日光在佈滿剔透色塊的紗簾上恣意流竄，落地窗前色彩斑斕，依舊亮麗輕快。

所在地 / 台中市　**家庭成員** / 夫妻　**格局** / 玄關、客廳、餐廳、臥室、更衣間　**建材** / 壁紙、超耐磨木地板、烤漆、系統櫃

文_賴怡年　空間設計暨圖片提供_理絲室內設計

適度設置隔間，創造流暢的生活動線。

動線│卡卡的動線OUT！踏進家的每一步都像在跳舞

重新整合玄關處動線，利用增設的牆面規劃出鞋櫃、儲藏室等收納空間外，也將入屋動線簡單化；減除尷尬不順的視覺感受，整體空間更有寬敞感。

機能│流線櫃體，收納與美感兼具

餐廳牆面植入圓弧，緩衝與樑柱銜處的稜角，圍塑有機型的流線載體，不僅賦予實用機能，空間的輕柔感也在弧曲之間綿延無盡。

利用高彩度顏色，作為空間的邊界。

調整格局，小坪數也能擁有大空間。

格局｜打通房屋的任督二脈，生活品質再上一層樓

原始相隔走廊的兩間臥室，經重新規劃後合併為單間寬敞
主臥室。拆除廊道及拓展原主臥室牆面，使整體格局更加
方正，更是增設更衣間增加收納機能，提升生活品質。

◌ 小宅好住的關鍵設計

平面圖計畫 | 設計前

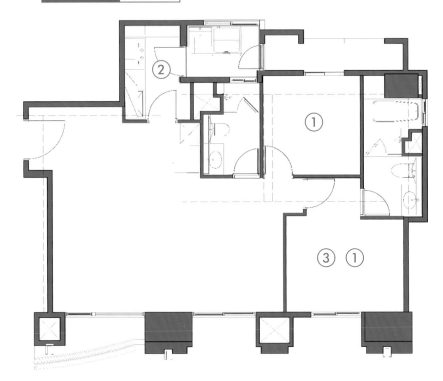

Before 問題

1. 已從三小房型改為兩房的原屋格局對於屋主夫妻兩人來說仍稍嫌多餘,坪數無法達到高效率的使用。

2. 廚房儲藏及活動空間過於狹小,無法容納必要的中大型廚具。

3. 主臥室空間過小,廊道的設計也縮限能夠利用的空間。

尺寸計畫

1. 拆除走廊兩側牆面，將空間併入以拓展主臥室。原走廊寬度為75.5公分，拆除牆面後便得以增設更衣室，提升生活品質。

2. 將原主臥室牆面外推100公分，使客廳空間更加方正外，也增加主臥室能利用空間的深度。

3. 提供遊歷各地的屋主一方天地以收藏紀念品，玄關處設立深78公分的儲物櫃，收藏回憶再也不是一個麻煩問題。

平面圖計畫　設計後

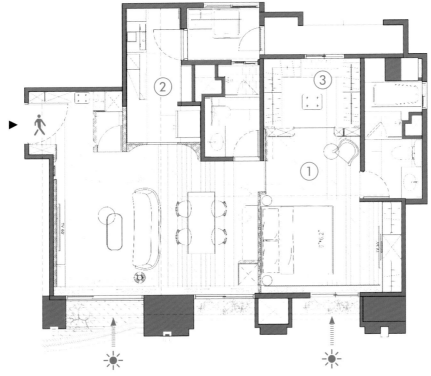

After 改造

1. 拆除原臥室隔間、並外推原主臥室牆面，俐落前後劃分公私兩區域使空間更開闊、格局更方正且無廊道空間。

2. 重整原廚房隔間，將牆面向室內延伸，自成一間儲藏間提高廚房內的機能收納。

3. 私領域經牆面打除、外推後，少了廊道空間，發揮完全坪效，並規劃更衣室，提供充足的收納空間。

25坪

Case Study

2 /人

兩房合併大主臥，還多了玻璃書房，
空間感大兩倍。

問題點 『老屋隔間多，空間感又小，太多房間不符所需。』

屋主需求 『提高收納量，空間布局合理分配。』

　　這間25坪的老屋有著三房格局，還拆出兩間衛浴，不僅每個空間被切得更小，公共空間的採光也只有單面，位於中央的餐廳顯得陰暗。為了有效擴大空間感，40年老屋大刀闊斧重新改造，鄰近客廳的書房拆除牆面，改為玻璃隔間，公共空間有效引入兩側採光，更多光線湧進，打亮客廳與餐廳。而通透玻璃的設計也讓客廳與書房形成串連，延展空間進深，視野更為開闊。公共區域本身全然開放，入門一覽無遺，為了讓空間更有隱私，運用鞋體拉斜，巧妙遮擋視線，也有助圍塑領域，明確劃分玄關、餐廳空間。

　　由於僅有夫妻兩人居住，僅需兩房就夠用，於是將兩房合併，同時原本主臥偏暗，位置對調並拆除原先封閉的窗戶引入光線。另一房則改為更衣室使用，中央運用拉簾分隔兩區。更衣室採用開放式的收納，不僅方便收納衣物，大型家電也都能在此放置。原先的兩間衛浴分別只有1坪大，顯得擁擠又狹小，決定整合成一間，淋浴間、浴缸都放得下，提升洗浴體驗。

　　全室融入輕法式質感，從鞋櫃到餐櫃刻意勾勒邊框線條，創造俐落視感，而玻璃書房特意拉出弧形，空間線條更為柔和，同時牆面鋪陳奶油白，點綴粉橘色，創造輕盈迷濛的舒適氛圍。

所在地 / 台北市　**家庭成員** / 夫妻　**格局** / 客廳、餐廳、廚房、主臥、書房、更衣室、衛浴　**建材** / 乳膠漆、實木皮、系統櫃

文__Aria　空間設計暨圖片提供__知域設計×一己空間制作

封閉牆面改玻璃，還原空間進深更開闊。

材質｜玻璃隔間，延展兩倍空間感

將原本封閉的書房改為玻璃隔間，不僅有助引入更多光線，視線也能從客廳穿入書房，空間感瞬間放大兩倍。弧形玻璃的設計，柔化空間線條豐富層次。沙發背牆有著一道柱體，順著柱體安排開放層櫃，擴充收納的同時，也維持通透視野。

材質｜磨砂玻璃，玄關引光不陰暗

為了遮擋入門視線，玄關增設櫃體，巧妙與餐廳區隔，並刻意脫開櫃體，中央改以磨砂玻璃連接，透光不透視的設計，即便有櫃體遮擋也不陰暗。同時櫃體斜向設置，改以粉橘點綴，玄關視覺更豐富有趣。

透過櫃體圍塑玄關範圍，避開入門視線，餐廳用餐更安心。

機能｜一房改更衣室，收納量擴增

兩房合併打造主臥空間，其中一房改為更衣室使用，櫃體刻意不
做滿，保留未來收納的餘裕空間。與主臥之間以拉簾區隔，隨時
能全然開敞的彈性，空間更顯開闊。更衣室一側有著原始結構產
生的畸零空間，改以儲藏室使用，擴充更多收納機能。

儲藏室門片與牆面同色，巧妙隱形不突兀。

◌ 小宅好住的關鍵設計

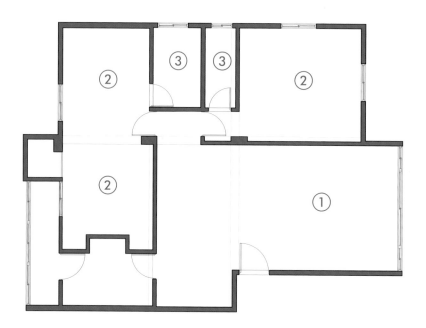

Before 問題 ─────────────────

1. 客廳、餐廳只有單面採光，過於陰暗。

2. 僅有兩人居住，三房數量太多，空間不合用。

3. 兩間衛浴都太小，狹窄又難用。

尺寸計畫

1. 善用客廳柱體53公分寬的畸零空間，安排開放高櫃方便收納。

2. 為了避開臥室、衛浴三道入口相衝的狹窄感受，封閉原本主臥門洞，沿著柱體位移25公分後新增主臥門片。

3. 更衣室有著0.5坪的畸零結構，運用隱形門改為儲藏室使用，擴增收納機能。

平面圖計畫 **設計後**

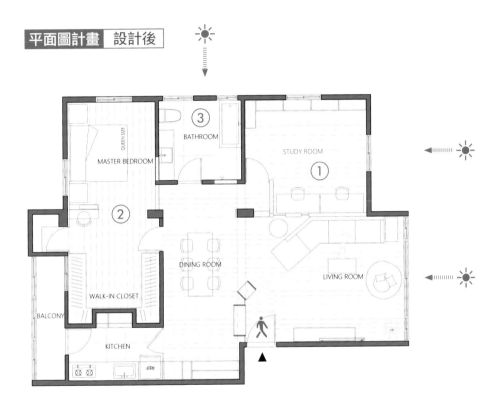

After 改造

1. 將書房隔間改成玻璃材質，加上開放式格局設計，提升明亮度。

2. 兩房合併，一房改為更衣室使用。

3. 衛浴合而為一，擴大洗浴空間。

Column / 2

更多空間放大設計創意

雖然空間大小無法改變，但藉由設計手法及材質的運用，就可以有效放大空間感，也因此讓居住在小空間裡，不再是狹窄不舒服，而能打造舒適甚至是開闊的感受。

規劃手法 1　用對材質與顏色搭配就有放大效果

Point 1—無接縫地板可擴大空間感

　　一般磁磚或是木地板會有因為接縫造成視覺分割的感覺，但像是磐多魔、EPOXY和水泥粉光皆可以無縫的呈現讓空間產生放大效果。不過使用上有幾個地方需注意，水泥粉光於施作時會受材料品質、環境溫溼度等影響，形成深淺不一的色澤、紋路。此外，EPOXY怕水氣和油汙，不建議用於廚房和浴室，磐多魔則是比較容易吃色，也要避免衝物撞擊和傢具拖拉造成地坪刮損。

Point 2—反射性建材可化解壓迫

　　小坪數空間容易因為空間小變得陰暗有壓迫感，也經常受限採光窗面不足，此時可選用具視覺穿透效果的材質，玻璃、鏡面、玻璃磚等等，藉由反射、折射特性，可延伸視線化解狹隘，又能順利導引光線，化解採光缺陷。實際作法如高度有線又壓迫的屋高，可透過樑柱裝設鏡面，從反射削弱柱體的存在；陰暗狹窄的入口處，取一道牆面貼飾寬幅度鏡面，亦可達到放寬效果。

圖片提供＿向度設計

Point 3—輕盈明亮配色營造放鬆與放大尺度

用色愈純粹，視覺上才能帶來更寬鬆的感受，為了舒緩小空間的尺度比例，建議可多用明亮或是清淺的純淨色調，譬如白色、淺米色、原木色，都能讓人感到放鬆自在，且自然放大空間尺度。

Point 4—大尺寸建材延伸視覺拉闊空間感

不論是磁磚或是石材，這幾年燒製技術進步，大尺寸規格愈來愈廣泛被運用，在搭配運用上，建議可挑選淺色系、地壁採取同樣花色紋理，也能減少線條分割比例，擴張空間感。除此之外，透過貼法的改變，如斜拼亦可有引導視覺方向，無形中達到延展放大的效果。

圖片提供＿木卡工作室

規劃手法2 省略多餘設計與造型營造寬闊感

Point 1─統一櫃體尺寸簡化空間線條

當沒有多餘空間時,就更要減少複雜的線條,而實際生活所需的櫃體,則可透過統一尺寸、延伸整合於單一壁面上,既可因為線條收整的技巧,形成寬廣的舒適感,一方面因單一且面積大的視覺性,反而也能讓空間產生放大感。

Point 2─拉齊牆面,避免畸零空間

在思考空間格局時,可當作是一個盒子,隔間或櫃體等同於隔板。可想像一下,若是相鄰的隔板前後位置不一,中間則就產生了空間的落差,這就是所謂的畸零地帶,這樣的空間多半是不易使用、且導致視覺中斷。不如將隔板排成平行,整體形成完整方正的形狀,空間更好運用,同時更有延伸擴大效果。

Point 3─複層不做滿,保留立面最大高度

在高度許可的情況下,小坪數經常會選擇向上發展爭取更多生活空間,但往往反而會因為高度比例不對,或是做太多複層,讓空間變更狹小。規劃上建議不做滿的複層,能使靠窗一側的場域保持挑高,保留立面的最大高度,不僅拉伸視覺使空間開闊,陽光也能無阻礙地進入室內,空間一旦明亮,自然產生放大效果。

Point 4─輕薄俐落線條削弱存在感

在於層架、層板設計上,為了減少體積厚重的壓迫性,不妨利用如鐵件層板,又或者是纖細的樓梯扶手,甚至是選擇捨棄扶手作法等等,有助於強化俐落感,視覺上看起來也會更加輕巧許多。

Chapter 3

還在擔心東西沒有地方收！？
超強多機能設計，不只好收更好用

多機能設計，這樣做才好用

小坪數面臨空間有限，但生活機能卻不能被犧牲，因此小坪數空間裡便衍生出了多機能設計，一種物品不會只有單一功能，可能是傢具同時也是隔間牆，藉由機能的整合，讓一種設計滿足多種需求，有效解決空間不足的問題，同時也兼顧到生活的舒適與需求。

[困境 1]

收納做滿滿，結果空間變小，家裡一樣亂糟糟

[破解]

活用收納牆設計，隔牆、收納一併做到位

　　收納向來是狹小空間裡不可或缺的設計元素，既要能滿足需求，又不能讓空間因此變得狹窄，為此，不如就從格局上一定會有的實體隔牆挖掘出多餘空間；像是利用隔間牆深度，挖空嵌入收納空間，或者乾脆以雙面櫃體取代實體隔牆，讓櫃體具備收納、隔間兩種功能；另外，電視櫃的主牆面往往面積不小而且完整，以此來看，也是個不錯的延伸處，且其深度通常不少於45公分，所延伸出來的櫃體可以放置的東西就相當多元，只要配合一些小籃子或是收納盒做好分類，就可以將大大小小的東西都放進去了。

◎ 手法 1 牆櫃合一，創造雙贏的收納空間

隔間不論是磚牆或是輕質隔間牆大致上都有10公分以上的厚度，對於一丁點空間的使用皆錙銖必較的小坪數而言，即便是10公分見方的空間也應該要設法運用到最極致；不妨捨棄傳統的實牆隔間，改以複合或多面向收納櫃做為空間隔牆，既不影響空間大小感受，同時又可滿足收納、隔間的雙重需求。

圖片提供＿甘納空間設計

客廳與廊道之間利用電視牆、穿透性櫃體做為區隔，結合展示收納等機能。

圖片提供＿向度設計

◎ 手法 2 雙面櫃滿足多重需求

一般來說，用於區隔不同空間的隔間牆通常都是實體的，但是如果兩者空間並不需要太多隱私，或者隔間只具備暗示性質，譬如廚房與走道、客廳與餐廳，則可以雙面透空格狀櫃體收納置物，雙面收納功力加倍，又能適度分隔兩空間的動線機能，若還是擔心會給予空間帶來壓迫感，則可選擇高度較低的雙面櫃，同樣可達到收納、隔間與收藏多重效果。

─┤ 內行人才知道 ├─

圖片提供＿甘納空間設計

雙面櫃背板加厚，可加強噪音的阻絕

如果兩間臥房之間利用雙面櫃做區隔，材質部分建議在雙面櫃的背板加厚，使用1.8公分的木心板。另外，若是想用書櫃當作臥房和書房的隔間牆，不妨在書櫃背板中間加入吸音材料，能有效解決隔音的問題。

坪數太小，收納空間永遠嫌不夠

[破解]

不只是收納，還是沙發、樓梯有時也是床鋪

　　在空間坪數受到限制，又希望過得舒適的前提下，將多種機能做整合的複合式設計，便賦予了小坪數空間更多可能，也因此空間設計除了單純的收納功能外，還發展出可延伸性的機能。像樓梯亦可設計成抽拉、上掀式收納；可坐可臥的臥榻，下方則是收納空間；不僅如此，原本功能單一的傢具也能發揮複合式機能，例如客廳的沙發，可以依照空間尺寸特別訂做成收納沙發，或是規劃成L型休憩區，沙發下方打開隨即變身為收納小櫃，可放置寢具、書報或鞋子，大小雜物各自井然有序，好收好取，小巧思居家整理不費力。

圖片提供＿木卡工作室

手法 1 **善用樓梯踏階增加收納**

角落轉折的樓梯設計不但節省空間，還能規劃收納機能。一般常見利用踏階設計收納，踏階高度約落在16～18.5公分左右，踏面深度約24公分，很適合收放一些生活小物品。

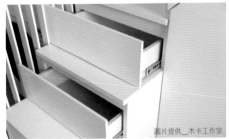

圖片提供＿木卡工作室

手法 2 **架高木地板睡眠收納兩相宜**

為了讓空間使用更具彈性，小坪數空間經常會架高木地板或者是規劃和室，甚或在臨窗處設置臥榻，如此一來，空間的使用更多元，上方可作為寬敞舒適的臥鋪、休憩空間，掀開坐臥的板層，下方就是是可大量收納雜物的空間。

圖片提供＿木卡工作室

圖片提供＿蟲點子創意設計

傢具數量難拿捏，多了太擠少了又不夠用

[破解]

傢具不只要能收，進一步藉由收放，重組空間可能性

　　多機能與複合式的設計，大多會運用於收納，但在空間有限的小坪數空間，現在就連傢具也需具備多種功能，尤其考量到空間大小、動線等問題，因此，建議可採用訂製傢具，一方面因應空間大小在尺寸上就有更多變化、選擇，空間也能被更有效的運用，而且合乎空間尺寸的傢具，可讓空間看來更為俐落，生活變得更加舒適；且因是量身訂做，所以可視空間的特性創造出可收放、可摺疊等各種機能，提昇傢具與空間的機能性。

圖片提供_甘納空間設計

多功能空間平常可休憩或當書房，放下隱藏式掀床又能充當客房。
圖片提供__初向設計

手法 1 　兼做化妝檯的收納櫃

有時空間難免會出現畸零角落，此時大多會打造成收納空間，但若能更進一步利用設計巧思做安排，就能創造出女主人的梳妝櫃，讓空間使用很極致。

手法 2 　可收放於無形的傢具

空間過於狹小，可多利用具有可折疊及可收納機能的傢具，藉由收放、折疊，讓出更多空間，進而提高空間機能性與坪效使用。

手法 3 　可收納壁掛桌提升機能

小坪數的房子，每個空間更須善加利用，僅 5坪大的迷你住宅裡，除了臥榻 可當作單人床使用之外，牆面更設有兩面以五金配件承托的可收納式壁掛桌，可視需求靈活地 折疊使用，雙雙打開即是寬闊的平台，可用於辦公或餐桌，提升機能性。

圖片提供__A Little Design

[困境 4]

想多隔幾房，又怕壓縮空間變得好擁擠

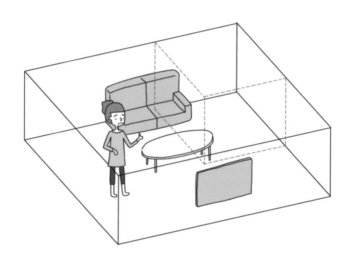

[破解]

巧用彈性隔間，一房變身二房

　　小坪數空間因為空間小，所以在隔間設計上，建議可大量以彈性隔間為主，如：折門、拉門等，藉由打開、收闔讓空間可以更具備彈性，若仍擔心會有壓迫感，則不妨從材質面下手，選擇玻璃等較為通透的材質，就能達到隔間同時又不會感到過於封閉。另外，線簾或者拉簾也可以當成隔間，利用布料較為軟性的特質，軟化隔間給人的僵硬感，和實體隔牆比起來也可以讓空間感覺起來較為輕盈。雖然無法改變空間大小，但藉由彈性元素無論打開還是收起，既不會佔去空間，同時還能做到瞬間放大的效果，甚至還能感受所帶出來的自由度。

圖片提供＿A Little D

◎ **手法 1** 利用推拉門、摺疊門節省空間

小空間裡有門，往往會造成視覺上的封閉、狹小感覺，但是推拉門與摺疊門卻能靈活空間機能，依使用需求拉開或收闔，就可以擁有獨立空間以及隱密性，不需要的話，拉開形成開放空間，保持空間穿透感。

◎ **手法 2** 軟性材質作隔間

藉由布簾、珠簾、紗幔、百葉等軟性材質，同樣可界定空間屬性，並具備視覺穿透的效果，在空間中不易顯得沉重、狹隘，反而突顯一股柔和的氛圍，不需使用時可直接收起，不影響空間的交流融合。

圖片提供＿甘納空間設計

圖片提供＿甘納空間設計

拆一房擴增料理、工作與收納，
還能彈性變出客房。

問題點 『原始格局不符合生活需求，空間坪效未充分利用。』

屋主需求 『喜歡料理做點心、攝影，偶爾也會在家工作。』

　　房子的格局好壞，關鍵在於是否符合使用者需求，以這間17.5坪兩房的住宅而言，屋主一個人居住雖説空間應該綽綽有餘，但因為她喜歡做料理、烘焙、花式調酒，每週大概2~3天會在家上班。但原始廚房卻非常狹小，加上僅需要一房，可是偶爾爸媽來訪的時候，有沒有可能『變』出臨時的第二房？以及家中每個角落是否都能讓她工作、兼具拍攝背景，都是改造上得克服的問題。

　　設計師首先拆除最小的臥房，重新納入為餐廳、廚房，也稍微擴大主臥房空間，廚房一字型檯面延伸拉長，增加mini bar與下櫃收納。一方面考量鄰棟距離近，餐廳採光效果並不佳，因此臥房隔間局部以木作分割搭配壓花玻璃，提高餐廚區的自然光。接著是客廳面積隨之放大變得更寬敞，衛浴在維持原配置的情況下，透過ㄇ字型櫃牆設計，巧妙讓浴室入口隱形化，同時更衍生出鞋櫃、儲物櫃、乾貨櫃與汙衣籃等收納機能，甚至於完美隱藏冰箱。放眼望去看似沒有客房？其實魔法就在窗邊的臥榻，寬度可放置一張單人床墊，拉出底下的抽屜又能再變出一個臨時床架，而折疊的單人床墊平常輕鬆收進抽屜內，完全不佔空間、順手好拿。在於傢具的選搭上，穿插了現成活動傢具與固定式設計，透過裝潢初期的尺寸精算、顏色搭配等計畫，打造具整體性的效果，mini bar的百葉窗檯、臥榻、弧形入口、深綠櫃牆等皆成為美好的攝影佈景。

所在地／台北　**家庭成員**／單身一人　**格局**／玄關、客廳、餐廳、廚房、臥房、衛浴、儲藏室　**建材**／防水地板、超耐磨地板、清玻璃、壓花玻璃

文＿＿Cheng 空間設計暨圖片提供＿＿實適空間設計

機能 | 生活感櫃牆隱藏鞋櫃

玄關入口鋪設仿水泥質感的石塑地板，拉出落塵區域也與室內有所界定。以線條溝縫分割的立面，最右側隱藏了鞋櫃機能，圓形語彙兼具把手與透氣功能。

> 壁面增加木質洞洞板材，懸掛配件與傢飾營造生活感。

格局 | 拆一房換來寬闊放大感

從餐廳望向客廳，打開原始其中一間房的隔間，爭取到寬闊舒適的空間尺度，為改善餐廳微弱的採光，可以看到左側嵌入部分玻璃材質，從臥房借取光線提升明亮度。

> 捨一房加上局部玻璃隔間，打開尺度與提升光線。

深綠壁面正好能隱藏冰箱的位置。

動線 | 縮減檯面深度釋放舒適性

拆除後的一房，得以使廚具檯面得以延伸，檯面深度特意從60縮減至40公分，維持動線的舒適性。廚房一側選用MUJI層架取代櫃體，既可以展現屋主的廚房道具，也避免壓縮空間尺度。

機能 | 臥榻可辦公、休憩，更兼具客房用途

經由格局的調整後，臨窗面得以有空間可以規劃臥榻，除了提供休憩放鬆用途，也能轉換在家工作場景使用，加上因為寬度足夠，以及臥榻下還有兩個大抽屜可以拉出拼成單人床，還能彈性變出臨時客房。

臥榻下的抽屜內可以收單人床墊，也能拼成單人床。

機能｜深色壁面修飾入口、增加收納

空間中最醒目的深色壁面，以浴室門片線條
為基準，發展出對稱的造型溝縫，一道道暗
門之內包含豐富的儲物機能，例如層架式的
收納，右側還有汙衣籃空間。

櫃牆增加儲物，也完美修飾衛浴入口對著
廳區的問題。

弧形、傢飾妝點，隨手一拍
都是IG風。

材質｜留白壁面帶入弧形更柔和

考量硬體設計多為方正的線條，擷取灰色沙
發圓弧語彙，轉換為臥房入口、牆面造型設
計，讓空間增加一點柔和、自然的曲線，也
能呼應屋主平日喜愛妝點花草植物的生活。

材質｜鐵件玻璃框架賦予光線穿透

臥房隔間利用鐵件玻璃為結構，讓擁有落地
窗面的臥房採光，能引進餐廳區域，而衣櫃
雖為現成系統傢具，但透過精算尺寸的搭
配，也能融入硬體設計中，更具整體性。

玻璃層架視覺上更通透，此
處也能收納穿過的衣物。

◌ 小宅好住的關鍵設計

平面圖計畫 | **設計前**

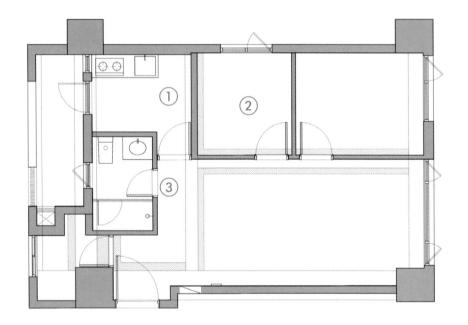

Before 問題 ─────────────────────────

1. 原始廚房空間太小，一字型廚具檯面也很短，對於喜愛料理、烘焙的屋主來說並不好用。

2. 實際上只需要一房格局，但還是希望長輩到訪時，能夠多一房提供留宿需求。

3. 衛浴入口對著客餐廳，想要隱藏起來，避免太過直接看到衛浴。

─────────────────────────

尺寸計畫

1. 沿著衛浴的櫃牆深度為65公分，滿足各種儲藏需求，也能一併隱藏冰箱。

2. 臥榻的寬度達105公分，算是一般加大單人床尺寸，深度也有285公分，即便是臨時客房也很舒適。

3. 為了維持寬闊的空間性，加上從使用性為考量，mini bar的檯面僅配置40公分。

平面圖計畫　設計後

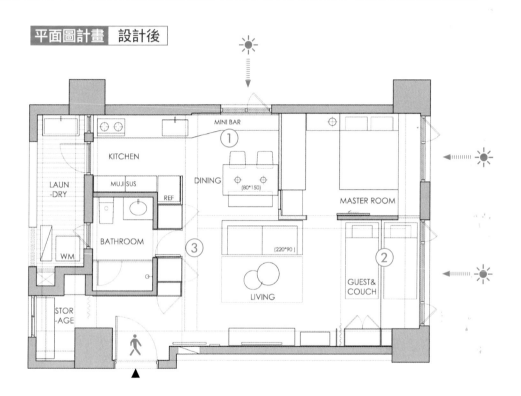

After 改造

1. 將原本較小的臥房拆除，作為廚房與餐廳尺度的放大，廚具檯面延伸增設mini bar，可沖泡咖啡與調酒，也增加了收納性。

2. 客廳稍微往左挪移，臨窗面規劃的臥榻，不只能靈活變更單人床鋪使用，臥榻下抽屜拉出後也是一張單人床機能。

3. 無需更動格局，利用從衛浴牆面發展的櫃體立面，巧妙隱藏入口之外，更創造豐富的儲物空間。

5.7米玄關收納隧道，
「穴居意象」複合機能宅。

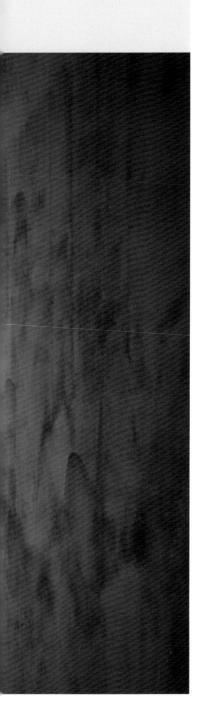

問題點 『玄關過大、空間閒置好浪費；三口之家單一衛浴使用成難題。』

屋主需求 『客、餐廳用大餐桌取代沙發，需要放鋼琴的位置。』

踏進家門，映入眼簾的是由暗至亮的5.7公尺半拱型隧道，樺木與粗獷水泥環繞，安寧靜謐，營造出宛若「洞穴意象」的戲劇效果。男主人職業是驗船師、女主人為音樂老師，帶著可愛小女兒，一家三口象徵理性和感性的結合，與空間需求勢必隨著年紀改變的稚齡孩童，讓住家設計充滿各種可能。剛好此案為預售屋，經過兩年客變期間，雙方在圖面上的反覆思考、溝通，設計出屬於一家三口生活的最佳方案。

由於屋主重視家人相處，格局上將廚房位移配置於住家中心，與客、餐廳區相鄰，使家人間的活動能共享空間、採光、視野最佳位置，組構居家互動最頻繁的核心開放場域。此外，小朋友目前仍與父母同睡，次臥以大片木質拉門取代實體隔間，完全敞開即可擴增客廳活動範圍，滿足現階段需求。在這裡，長桌取代沙發，投影取代電視，加上即將入駐的鋼琴，一點一滴描繪出全家人待在一起，隨性烹飪、觀影彈琴的愉悅生活畫面。

近2坪寬敞面積的大玄關則整合了過道、收納櫃體與穿鞋區等多元機能，加上格局變動後的廚房電器櫃背牆，形成迎賓「隧道」景觀。圓弧元素更可見於廳區天花、主臥拱門等處，運用共同材質使用與造型語彙延伸，為全室帶來內外呼應、視覺導引的功能。當賦予了單一空間多重定義，透過合理的安排與專業設計，即使是15坪小宅也能是充滿彈性、自由、幻想的成長樂園。

所在地／新北市　**家庭成員**／夫妻、女兒　**格局**／客餐廳、廚房、衛浴、主臥、次臥　**建材**／樺木板、水泥塗料、玻璃磚、長虹玻璃

文__黃婉貞 空間設計暨圖片提供__共生制作

機能 | 用拉門自由界定公共場域

由於女兒年紀尚小、多與父母同睡，次臥利用大片橫移門取代牆體，解放與廳區隔閡，增加空間使用多元性。內嵌長虹玻璃的圓形開窗打破木質門片的厚重感，玻璃磚牆則用於衣櫃側牆，利用透光材質點綴，營造住家輕盈視覺。

次臥大面橫移門取代實牆隔間，提升空間使用彈性。

材質 | 天然紋理營造自在氛圍

住家以樺木板與水泥塗料為主要素材，搭配適度留白、剔透玻璃磚點綴，運用自然紋理與輕盈視覺，營造空間質樸、紓壓氛圍。

捨棄過多修飾，樺木板與水泥質感透露質樸紓壓主調。

玄關規劃除了雙層鞋櫃的設計外，同時具備大型物件的收納物品，解決小宅收納問題。

收納｜用大玄關整合收納、過道機能

將2坪玄關整合為收納櫃體、穿鞋區與廊道複合機能，彙整了因建築結構體導致的畸零空間，形成完整立面，同時以半拱型隧道造型，描繪回家後映入眼簾的第一視覺意象。

格局｜廚房面窗 保留廳區空間感

移動廚房位置、轉為面窗向，電器櫃作落地牆規劃、成為廊道延伸立面，如此一來，就不會因為櫃體厚度壓縮住家有限面寬，維持公共場域空間感。

廚房移位、轉向，電器收納牆背後則為入口廊道延伸。

將廚房從邊陲地帶移至住家中心，打造
客、餐、廚精華互動熱區。

格局｜合併客、餐、廚打造生活重心

客廳、餐廳、廚房整合為一核心的開放區
域，全家人在此分享生活、輕鬆的聊天，合
宜的空間伴隨著陽光的灑入及美好視野，創
造專屬的幸福氛圍；水泥色的圓弧天花板，
不但解決了樑外露的問題，同時也呼應了樑
的本質，將視覺延伸至明亮開窗處、並增加
趣味性，減少空間的壓迫感。

機能 | 浴廁分離使用起來更方便

與生活息息相關的衛浴部分，則位移至入口
廊道左側，跳脫傳統思維，改為各自獨立的
面盆區、淋浴間、衛生間，大大提升三口之
家的單一浴廁實用性，既可以同時使用也能
保有各自隱私。

衛浴一分為三，分別為獨立
面盆區、淋浴間與衛生間。

◌ 小宅好住的關鍵設計

平面圖計畫 **設計前**

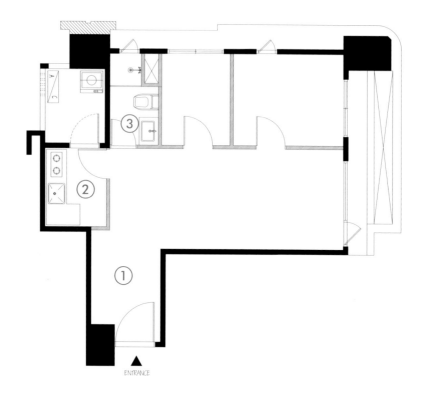

Before 問題

1. 小住家卻有近乎2坪的過大玄關、75公分厚結構柱體。

2. 廚房遠離廳區，家人互動不易、也難同時兼顧小女兒安全。

3. 原本的單一衛浴設計，令一家三口使用起來很不方便。

尺寸計畫

1. 入口處結合玄關與收納櫃體廊道總長5.7公尺，由暗到亮視覺效果營造獨特回家的「洞穴印象」。

2. 獨立衛浴門做外開設計，深度皆為135公分，馬桶區寬85公分、淋浴間寬110公分。

3. 廳區餐桌長度超過200公分、寬85公分，保留110公分通道跨距，巧妙平衡機能與舒適性。

平面圖計畫　設計後

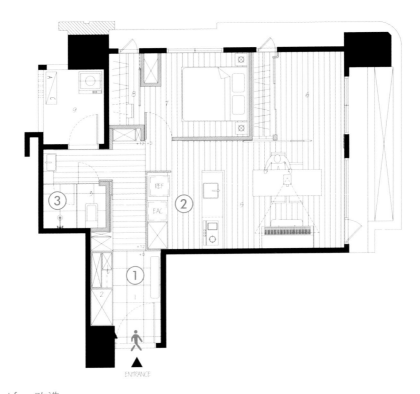

ENTRANCE

After 改造

1. 整合櫃體於玄關廊道周圍，入門左側倚靠結構柱，打造大型收納空間與雙層鞋櫃兩大櫃設計。

2. 廚房配置結合了廳區，成為緊密連結三人生活的居家重心。

3. 衛浴改為面盆、淋浴間與衛生間各自分開，可獨立使用令生活更輕鬆。

遞進式層次編排，
小宅也有大廚房與海量收納。

問題點 『坪數小卻有隔間，牆面影響活動範圍與採光。』

屋主需求 『需要雙面自然採光，且有大量收納與獨立書房。』

　　僅7坪的家經由平面規劃，打通臥室與客廳間的隔間牆，讓空間有開放感，並構成完整的兩面採光。格局上保留客廳與衛浴空間不動，而是將原先客廳旁的小廚房移動到臥室位置，並增添複層設計，將睡眠區放置在閣樓，閣樓下方則置入書房，將住宅應有的空間通通納入，也是幾經考量後最順暢的動線。每個區塊都如同一座迷你島嶼，因應不同需求使用之餘，愈往內走，愈能遠離外頭的喧囂，回歸屬於自己寧靜的私人空間。

　　設計團隊以屋主身為音樂藏家的特性做設計，將地坪範圍延伸至垂直面的發展，大量收藏的CD光碟、家居瑣事與不同的日常情境，妥善地放進空間肌理中。藉由改變玄關大門方向，在大門後方置入可擺放80雙鞋子、外出衣物與行李箱收納的鞋櫃牆。步入刻意切割方正的客廳後，窗邊的臥榻除了是串聯光的入門端景，也兼具沙發機能。特意規劃的「L型中島廚具」區隔了開放式廚房與客廳的內外空間，也具備起承轉合的趣味性。呼應屋主獨處時喜歡被包覆的安全感，複層下方選擇嵌入書房，上方自然是最需要隱密性的睡眠區，也確保一般視線高度並不會直接看到上方床鋪。在有限的面積中，臥榻區上下、複層階梯皆設置收納櫃，搭配玄關鞋櫃、書房開放書櫃等，完美解決收納問題。

　　「寬敞與否從不限於坪數，我們想給予的更是心靈上的款待。」巢空間室內設計團隊說道。

所在地／不提供　**家庭成員**／1人　**格局**／客廳、廚房、臥房、衛浴　**建材**／鏽銅特殊藝術塗料、清水模藝術塗料、Egger系統櫃、文化石、鐵件、玻璃

文__Evan　空間設計暨圖片提供__巢空間室內設計NESTSPACE

看整體空間協調性用色創造一致性。

材質｜以不同材質的白色為配色基調

以白色為配色基調，運用文化石、米白色櫃體、白色人造石檯面等不同材質的白增加趣味，且適當點綴些許面積的深藍色、橡木紋等，避免在單一面積中配色過於複雜，創造出具層次、豐富又一致的空間氛圍。

格局｜仔細丈量確保自然採光

採光是屋主列出改善的首要條件，除了確保臥榻區窗位完整外，第二面大窗前的階梯及廚房區也經過刻意安排，按照階梯標尺寸計算出階梯數量後確保大窗面積完全保留，廚具櫃標準高度85公分也在第三面小窗的窗緣之下。

階梯與廚具櫃皆不影響採光。

在樓梯下方規劃收藏陳列櫃。

機能 | 樓梯空間別浪費，拿來做收納吧

通往睡眠區的階梯下融入收納巧思，是專為音樂藏家、熱愛金屬樂的屋主設計的CD收納格，能展示陳列其黑膠唱片等收藏品。

機能 | 垂直牆面收納櫃解決收納問題

在不影響空間動線及出入口位置的前提下，設計團隊在有限的面積內配置垂直牆面收納櫃，分配不同尺度的收納量，創造出豐富的收納機能。

不同尺度的收納量完善利用空間。

格局｜L型中島廚具劃分內外空間

特意規劃的「L型中島廚具」讓屋內空間更有
使用上的劃分與視覺美感層次，廚房空間更
寬敞，整潔上也更容易，不會因為要在屋內
料理而弄髒傢俱。此外選用適合居家空間標
準尺寸的爐具與水槽，避免過於狹小的產品
導致生活不便利。

格局調整，小套房也
能有大廚房。

動線｜鐵件形成隱形門

作為複層結構支撐的鐵件儼然是另一道隱形
門，在屋主步入時如同啟動me-time模式，
也劃分公共與私人領域界線。此外，大樑下
緣兩側有嵌入線型LED燈條，不僅增加空間中
的照明度，線性的光源也能將空間視覺放大
拉伸。

結構支撐的鐵件劃出
隱形界線。

斑駁塗料賦予更多靈魂。

材質｜將Rocker精神融入成精神象徵

位於空間核心的中島，最適合做設計精神主視覺，將取樣於吉他琴面上的鏽鐵圖紋塗料覆蓋下方櫃體，成為低調又顯眼的重心所在。特殊藝術鏽銅塗料細微的紋理變化，將屋主喜愛搖滾音樂的Rocker精神藏在細節處，展現空間豐富性。

格局｜改變衛浴門方向劃分乾濕區

調整衛浴門方向後，得以將淋浴空間獨立出來，劃分浴室的乾濕區，並且將洗烘衣機安置在馬桶旁較寬裕且不影響衛浴使用動線的位置。同時，選擇透光不透視的「長虹玻璃」作為衛浴門使用，不但將衛浴窗的採光引進室內，清透的玻璃質地也減少使用者在衛浴空間的狹小的感受。

長虹玻璃引進採光又保有隱蔽性。

小宅好住的關鍵設計

平面圖計畫 **設計前**

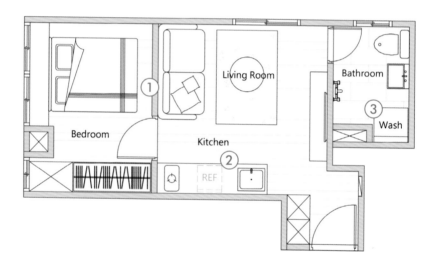

Before 問題 ─────────────────────

1. 坪數本來就不大，卻規劃一房一廳一衛，隔間牆導致室內活動範圍
   過於狹小，且擋住窗位，使空間過於陰暗。

2. 廚房位於不恰當的位置，與客廳距離太近，影響到起居生活的舒
   適性。

3. 洗烘衣機的位置缺乏妥善安排，草草置放於浴室內，使洗衣機與淋
   浴空間重疊。

尺寸計畫

1. 臥榻深度為60公分，40公分，長160公分，屋主無論坐臥都很舒適。上下收納櫃深度也是60公分，可收納棉被、行李箱等大型物品。

2. 踏階開放櫃每一格的長寬深度分別是22公分、22公分、25公分，是量身打造的珍藏CD展示櫃，可收納上百張CD。

3. 鞋櫃以及衣帽櫃尺寸為280公分高、40公分深度，可擺放80雙鞋子，同時也能懸掛放外出服。

平面圖計畫 設計後

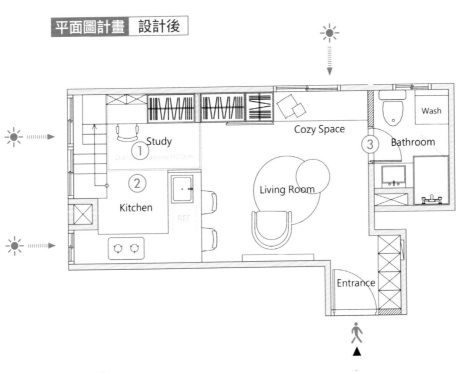

After 改造

1. 拆除隔間牆打造開放感，確保雙面自然採光，並採用複層設計重新調整空間格局，還新增獨立書房。

2. 廚房移位到原臥室位置，遠離客廳之餘還變得更寬敞，能擺下L型中島。

3. 藉由改變衛浴門的方向，重新調整衛浴格局，乾濕分離外也能放置洗烘衣機且不影響動線。

一物多用巧妙設計，
爭取空間效能。

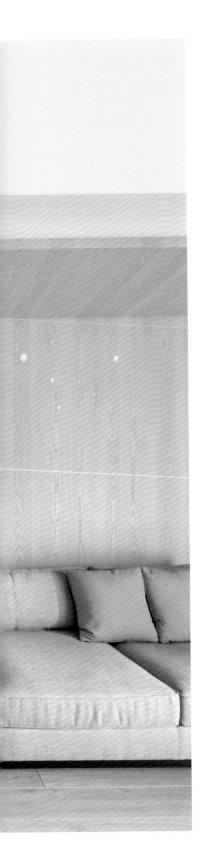

問題點 『 15坪空間，想擁有2房一廳格局。』

屋主需求 『希望空間能感覺寬敞明亮。』

誰說坪數小，就不能擁有期待的格局？

屋主在房子興建時，就已經聯絡設計師，於是當初已經先進行客變，將場域調整成未來期望的格局。加上案子坪數較小僅15坪，卻要隔出兩房來容納一家子，空間不管動線或格局配置，都以減少多餘設計為出發，盡量一物多用，比如入門邊是廚房和餐桌椅，餐桌延伸到玄關，回家後可以兼置物處暫時擺放雜物；臥房床鋪以臥榻為發想，墊高地面下方就可做收納空間，上方直接擺放床墊。

因為空間狹小，希望居住在裡頭的人可以感到放鬆，室內以大量木色和白色堆疊清爽視覺，尤其客廳以木作從壁面鋪陳到天花板，埋藏天花板大樑，同時營造像山間小屋般質感。這處被原木包覆的沙發區，擺放了一張深長大沙發，坐起來舒適，必要時可兼任沙發床當客房使用，沙發旁是一面落地窗，高樓層的屋子擁有好景觀，也引入良好光線讓白日空間顯得寬敞。

空間雖小，依然五臟俱全。入門處因為鄰近廚房，做起櫃體當作空間隔間，劃分區域之外也加強收納機能，落塵區和室內約2公分差距，鋪上繽紛地磚，明亮了入門後的視覺面容。總體來說，15坪小空間，如果沒有明快規劃，很難擁有2房格局，但在巧妙利用空間坪數效能之下，即使規劃2房也不顯壓迫。

所在地／新北市　**家庭成員**／夫妻、一子　**格局**／客廳、廚房、餐廳、主臥、次臥、衛浴　**建材**／人造石、木作、馬賽克磚、鐵件

文＿蔡婷如　空間設計暨圖片提供＿蟲點子創意設計

以退為進，捨棄部分臥房坪數強化公共空間。

整合收納機能，發揮收納最大效果。

格局｜拉大公共區域，讓房間小一點

接手空間時，大樓還在興建中，和屋主溝通後有先申請客變，讓空間能在大樓完工前進行初步調整。室內坪數不大，既然每個空間注定不會太大，乾脆犧牲一些臥房空間，放大公共空間領域。

收納｜結合五種收納形式的櫃體

因為空間小，盡量將收納機能整合在一起，就像和廚房相連，位在玄關處的櫃體，結合鞋櫃、儲藏室、電器櫃、廚具櫃，從櫃體衍伸出來了餐桌，讓一個櫃體結合五種功能。

善用形體的造型和擺放位置，展現多功能面貌。

機能｜一物多用，創造物體實用效能

這個案子裡處處展現了物體多功能性，小孩房和主臥室都是用臥榻整合床架，小孩房書桌結合扁平抽屜銜接床邊櫃，讓該有機能一樣都沒少。而主臥室床架設計下方增加抽屜，臨窗處下方為上掀式櫃子，床鋪正上方設計吊櫃，增加臥室的收納量。

小宅好住的關鍵設計

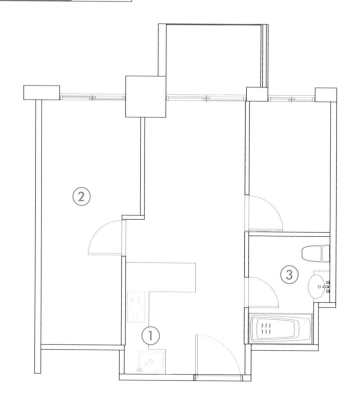

Before 問題

1. 原本的廚房空間相當狹小，只能擺放很基本的設備，如果真的要做料理，空間顯得侷促。

2. 舊有格局的分配，每個房間都略顯狹小，看似方正卻處處狹隘。

3. 衛浴空間不大，無法好好享受放鬆的沐浴時光。

尺寸計畫

1. 主臥房的衣櫃規劃成L型並結合書桌，桌面尺寸縮小到60公分，雖然不大但能應付日常需要。
2. 為了讓床鋪尺寸不受約束，但又不要妨礙動線，房間都採臥榻規劃，墊高地方正好擺放床墊。
3. 衛浴洗手台刻意做大，用人造石加上鐵件做出150公分檯面，讓一家人在沐浴時有個放鬆空間。

平面圖計畫　設計後

After 改造

1. 原本的主臥房切割出一部分空間，讓廚房變得寬敞許多。
2. 客變時調整過空間分配，讓出一些房間坪數來讓客廳變大。
3. 因為室內坪數不大，只能著重在重點區域，比如屋主一家人重視衛浴空間，於是讓衛浴空間變大而且規劃舒適些。

拆除多餘樓層，
架高地面讓收納增量。

問題點 『小空間規劃滿滿的上下樓層，擁擠逼仄且昏暗。』

屋主需求 『需要有閱讀、工作機能，擁有許多大量專業書籍。』

　　這幾年微型公寓當紅，要能住得舒適還有大容量收納，對設計師是一大挑戰。這間位在上海外灘的微型公寓就是一個很好的改造案例，不到10坪的空間，原本規劃了上下樓層，雖然擴大使用面積卻失去光線、生活舒適感。設計師將大部分的上層予以拆除，僅保留放置床鋪的位置，兼顧使用機能且釋放屋高，加上去除大面積樓板的遮擋，採光也變得明亮舒適。

　　對於一樓樓層的規劃上，設計師摒棄傳統沙發加電視的客廳模式，而是利用樺木板所製作的架高地面，並透過書架牆、閱讀區域與懸空書桌等區域的搭配，讓整體空間圍塑出類似於微型圖書館、工作室的氛圍，也藉由這樣的空間語言更能契合身為建築師屋主獨有的生活習慣。另一方面，設計師保留原始上層的鋼構，再將樓梯改成了L型，利用現場金屬焊接、噴漆打磨等工序，做出極細的格柵與扶手線條呼應金屬訂製元素，也讓進門視線保有私密與隱約通透效果。

　　僅有9坪的咫尺空間，為了賦予充分生活起居與工作等需求，則必須做好每一處的收納，例如樓梯踏面做烤漆板抽屜，架高地面擁有開啟裝置可收納棉被或是換季衣物，這個高度可輕鬆上下，同時兼具座椅功能。其他包括浴室外牆兩側所規劃書架，以及利用挑高立面設計的櫃體、延伸架高區域發展的開放櫃體，滿足屋主大量專業的書籍之外，也可以根據不同物件給予充足的收納。

所在地／上海　**家庭成員**／夫妻　**格局**／客廳、廚房、書房、臥房　**建材**／木地板、鐵件、塗料

文＿Cheng 空間設計暨圖片提供＿木卡工作室

格局│依照需求打造微型圖書館

相較於一般住宅是傳統電視牆配沙發的模式，此案根據屋主對於閱讀與工作上的需求，透過架高設計、層板以及挑高櫃牆設計，讓公共場域圍塑出圖書館與工作室的氛圍。

挑高面的櫃體深度有32公分，可收納大量建築專業書籍。

踏階都是一個個可以開啟的抽屜，能收納生活雜物。

動線｜樓梯改L型還能擴增收納

將通往二層的樓梯改成了L型，並透過金屬現場焊接及噴漆打磨，做出極細格柵、扶手線條去呼應訂製概念，一方面樓梯的踏階也都做成烤漆板抽屜，讓微型宅的收納超滿足。

機能｜小而美的簡便廚房

利用一進門左側的空間打造簡便的小廚房，鐵件格柵兼具通透與保有適當私密性，避免進門視線直接一覽無遺，也劃設出場域之間的關係。

沿著結構柱規劃吊櫃，增加儲物機能。

根據牆體錯落和樓梯下的小空間利用創造儲藏室。

機能｜架高地面創造多功能用途

落地窗邊的架高設計，兼具各種收納功能，以及作為開放空間時，又可以是台階或座椅使用，一側的牆面利用層架形式衍生書桌、抽屜與書架功能，可選擇直接坐在架高地面上使用，40公分的設定，使用上也很舒適。

釋放挑高尺度，放大空間也讓光線流通。

格局 | 釋放挑高尺度放大空間

將原本做滿的上層空間予以解放，僅保留床鋪的區域，讓兩側維持挑高感，也增加空間的趣味性與豐富性，整體選用白色為主軸，線條簡約俐落，創造清爽無壓的舒適感受。

材質 | 玻璃隔間注入光線與通透性

衛浴的位置不變，但調整入口與更改為方正隔間，利用入口兩側規劃大面書牆，內部馬桶採懸空設計，更顯輕量感。

壓花玻璃隔間，引入採光提升明亮度。

◯ 小宅好住的關鍵設計

平面圖計畫 **設計前**

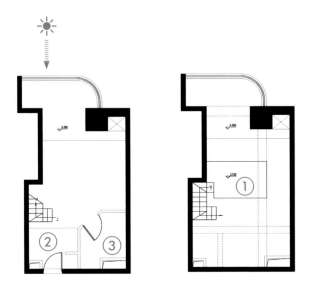

Before 問題 ——————————————————

1. 單層面積很小，原本規劃兩層空間，但顯得狹隘擁擠且十分陰暗。

2. 屬於典型的微型宅格局，大門直對著最裡面的窗戶，站在門口一覽
   無遺，缺乏私密性。

3. 浴室入口對著廳區，格局也較為畸零難以利用。

尺寸計畫

1. 窗邊架高空間為40公分，底部儲物可輕鬆收納換季衣物、書籍等，同時兼具台階、座椅方式使用。
2. 利用原始房子的畸零角落，規劃出深度60公分、寬度75公分的儲藏間，一併將屋主的保險箱收納進去。
3. 公共場域主要的立面櫃體深度為32公分，以因應收納建築師屋主的大量專業書籍，另外也可收納一些茶具用品。

平面圖計畫　設計後

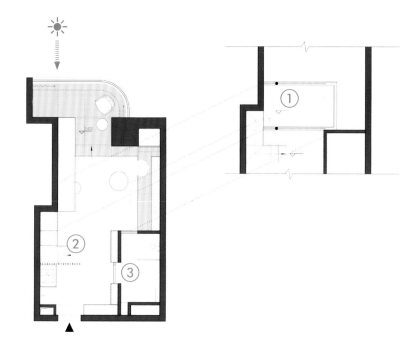

After 改造

1. 重新分配上下樓層的比例，縮減上層臥鋪的面積，釋放高度與寬敞感受，也能注入更明亮充足的光線。
2. 將通往上層的樓梯更改為L型，可遮擋入口處的視線，增加私密感，也讓動線更為流暢。
3. 浴室格局重新調整為方正的長型配置，可舒適流暢地規劃設備，也同時更動入口方向，使廳區擁有更完整的使用坪效。

問題點 『牆面深度不足，臥室怎麼隔都會佔用客廳，產生畸零角。』

屋主需求 『劃出兩房的同時，公共空間要開闊和充足收納。』

　　這是一間23坪的毛胚屋，僅有屋主夫妻、小孩3人居住，空間小又有著單面採光的問題，在屋主希望盡可能維持開闊公共空間的前提下，需要隔出兩房並擴增收納，規劃格局變得格外謹慎。

　　首先將面向陽台的區域劃分為臥寢區，由於臥室深度較淺，勢必要往公共空間擴張牆面，不僅分化公共空間的完整性，也多出一道難用的畸零牆面。因此順應臥室短牆大膽斜切，將臥寢區與公共空間一分為二，無畸零死角的設計有效維持客廳、餐廳的開闊。臥室門片則特地運用玻璃拉門，光線能大量湧入打造敞亮環境，而門片搭配拉簾適時遮蔽，保有一定的隱密性。

　　為了滿足收納需求，客廳改設獨立電視架，不僅視聽娛樂不受限，也順勢讓出牆面做滿置頂櫃體，並運用洞洞板與鐵件支柱，即能展示屋主收藏的腳踏車。而主臥與小孩房則以櫃體取代隔間，擴增收納的同時，也不佔空間。主臥床頭也順勢轉向，就能多出更衣室使用，收納瞬間翻倍。為了提升洗浴體驗，主衛僅保留馬桶間，讓出淋浴區給客衛，有效擴大客衛空間，搭配長面盆的設計，一家三口洗漱更舒適有餘裕。

　　因應屋主偏好黑灰白色系的基礎上，全室鋪陳灰色的磐多魔地板，表面細心暈染，如雲霧般的形狀豐富層次；而廚房櫃體鋪陳黑色，並一路往臥室延伸，有助串聯空間，消弭斜牆的突兀感，沉穩色系也為空間奠定簡約俐落的氛圍。

所在地／新北市　**家庭成員**／夫妻＋1小孩　**格局**／客廳、餐廳、廚房、主臥、小孩房、衛浴X2　**建材**／橡木木皮、磐多魔、長虹玻璃、賽麗石

文__Aria 空間設計暨圖片提供__甘納空間設計

檯面加上中島，總長5米2的設計讓備料寬敞有餘裕。

機能｜延展中島，擴大備料空間

在原本一字型廚房的基礎下，延展廚房台面增設中島，讓喜愛下廚的屋主有了開闊的備料空間，廚房牆面同時退縮，內嵌冰箱與電器櫃，完善料理機能。而中島順應灰色磐多魔地板，輔以深灰鋪陳，廚房背牆則改以黑色襯底，由淺入深層層推進的色調，調和空間視覺。

收納｜玄關多一道牆，隔出隱形儲藏室

在全開放的毛胚屋中，沿著柱體安排隔牆圈出玄關範圍，不僅多了足夠空間打造鞋櫃兼儲藏室，能放入全家人的鞋子、腳踏車、大型家電，特地延長的牆面也成為充滿亮點的餐廳背牆。

搭配長虹玻璃拉門，透光不透視的設計讓玄關維持明亮開闊。

電視退居配角，加上能隨意轉向的優勢，
客廳使用更有彈性。

格局 | 調斜拉牆面，公共空間更開闊

捨棄傳統隔間，臥室牆面斜向設置，有效
維持客廳、餐廳的全然開闊與空間的完整
性，一家人遊走自如不受限，開放的場域
也能作為小孩的遊戲場。而臥室改用玻璃
拉門，引光又引景，不管在家中的任何角
落都能眺望遠處綠意，更顯悠閒自在。

收納 | 床頭牆轉向設置，劃出更衣室與主衛

捨棄床鋪沿牆設置的設計，臥室改為增設
一道床頭牆面，空間順勢一分為二，不僅
有效分離通往主衛的動線，也多了更衣空
間，擴增衣物的收納量，同時如廁、更衣
也更有隱私。

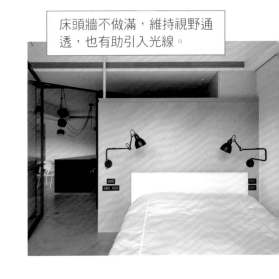

床頭牆不做滿，維持視野通
透，也有助引入光線。

⦿ 小宅好住的關鍵設計

平面圖計畫 | **設計前**

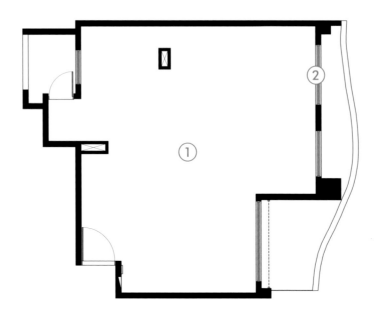

Before 問題 ─────────────────────────

1. 牆面深度不夠，隔出臥室容易顯小。

2. 僅有單面採光，中央光線不足。

┌─ 尺寸計畫 ─┐

1. 順應玄關柱體安排隔間，不僅圈出2m深的鞋櫃儲藏室，也有效隱藏柱體。

2. 客廳櫃體特地留出120公分高的空間，打造腳踏車展示區。

3. 主臥與小孩房特地不做隔間，改以62公分深的衣櫃區隔，避免多出8～10公分寬牆體佔空間，盡可能放大臥室。

平面圖計畫 **設計後**

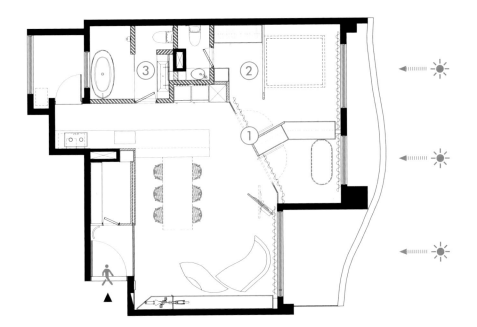

After 改造 ───────

1. 臥室牆面刻意斜拉，臥室與公共空間無死角，搭配玻璃拉門，採光、開闊度都有了。

2. 主臥床頭轉向，多出更衣室。

3. 主衛縮減淋浴間讓給客衛，空間更大，洗浴體驗更舒適。

各種生活物件與家電，
都能各就各位的高效收納宅。

問題點 『廚房除了三機、小到烹飪電器都放不下，做菜、烘焙好困擾。』

屋主需求 『從發票到家電、傢具最好都要有自己的收納位置！』

這是新婚夫妻購入的第一個小窩，皆在科技業就職的兩人，超理智又帶點小浪漫的個性融入空間基調，但受限於裝修經費，加上婚後有生育計劃，暫時動不了臥房隔間，便從廚房、收納下功夫，解決烹飪與主婦最困擾的大小雜物問題。

建商原有廚房超迷你，只容得下單側三機、水槽，對於喜歡烹飪、烘焙的女主人來說當然不敷使用。重新規劃時選擇打開封閉隔間牆，做局部開窗設計，餐廳檯面延伸、連結電視層架兼臥榻，電器則順勢暗藏於備餐檯下方，巧妙整合牆面兩側機能，串聯客、餐廳與廚房，令視覺連續一致、倍感簡潔。而粉橘色活動門、窗亦成為住家視覺主景，搭配設計師特調淡灰塗佈全室，令整個空間呈現出仿彿被柔焦處理過的明亮感，充斥溫暖、放鬆氛圍。

另外，為了因應收納需求，又怕大小櫃體充斥整個住家、壓縮活動空間，大門右側規劃走入式儲藏間，空調吊隱式主機藏於此處天花，回家時衣帽、包包、雨傘等貼身物品馬上隨手放入，省去多一道整理、收納步驟，樓梯、推車等大型居家設備皆能安置於此。

而針對女主人非常在意的發票、折價券等收納困擾，設計師於進門處打造可快速分類的三抽整理櫃，用好設計解決細節瑣事，換取生活小確幸與喘口氣的幸福，這就是室內設計最美好的意義所在。

所在地／台北　**家庭成員**／夫妻　**格局**／客廳、廚房、餐廳、主臥、小孩房　**建材**／實木皮、實木封邊、不鏽鋼、人造石、德國超耐磨地板

文＿黃婉貞 空間設計暨圖片提供＿王采元工作室　攝影＿林以強、Allen Fu

檯面從廚房延伸廳區，擴增
電器收納空間。

機能 | 半開放廚房擴增收納更好用

拆除原本輕隔間牆，改為拉窗與門片的半開
放設計，同時檯面延伸客廳、與電視機櫃連
結，下方為廚房電器櫃，如此一來，女主人
可依照需求彈性開闔，無論烘焙或備餐都能
更有餘裕。

梳妝檯暗藏櫃中，
方便小物收納，雜
亂不外露。

機能 | 隱藏式好萊塢等級梳妝檯

根據女主人站立化妝習慣，利用主臥衣櫃延伸
做出隱藏式梳妝檯，瓶瓶罐罐放在觸手可及的
右方門片凹槽，搭配鏡櫃與可延伸檯面，令打
扮過程也能享受巨星般的儀式感。

收納 | 走入式儲藏間，避免壓縮活動空間

入口右側規劃儲藏間，衣帽、包包、雨傘、甚
至樓梯、推車等大型家用品都可安置於此。客
廳的吊隱式主機藏在上方，設計超大維修板可
全機卸下維修。

雜物、大型傢具整合
收在儲藏間，好整理
也方便拿取。

205

廳區一角規劃隨手可即的茶水吧檯，常用
飲料輕鬆到手。

收納｜大肚量茶水吧檯

玄關櫃另一側規劃做客、餐廳使用的茶水、咖
啡吧檯，如啤酒、杯子等常用飲料、器具都能
儲藏此處，白色吊櫃亦可補足更多生活用品的
收納需求。

收納 | 專屬玄關發票收納箱

玄關設計三抽發票、收據明細的收納櫃，一進門即可依照紙本大小迅速歸納，待空閒時則能從後方取出，在桌面好好仔細整理。

圓洞可直接投遞不需要保存的紙片，小抽屜則可以分門別類整理發票收據。

☼ 小宅好住的關鍵設計

平面圖計畫｜設計前

主臥室　　臥室一　　客廳

② ③ ① 餐廳

Before 問題 ───────────────────

1. 入門對窗的穿堂煞風水問題。

2. 廚房太小，沒有電器規劃餘地。

3. 室內空間有限，大型設備無處收納。

尺寸計畫

1. 廚房輕隔間牆改為88公分高、50公分深的電器收納櫃與檯面，搭配可彈性開闔的橫拉門窗。
2. 玄關處設計寬36公分、深35公分、高88公分的發票整理小櫃，讓整理發票成為一個療癒的過程。
3. 女主人夢寐以求的好萊塢式化妝櫃，藏在主臥衣櫃區中，寬度為80公分。

平面圖計畫 設計後

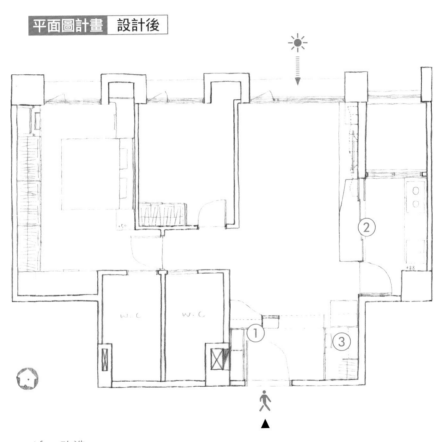

After 改造

1. 利用發票整理抽屜與茶水吧檯雙面櫃做機能隔屏。
2. 廚房透過開窗的半開放設計，讓備餐檯面延伸客廳，下方做電器收納使用。
3. 不做多餘櫃體壓縮生活空間，整合雜物、設備於入口儲藏間。

收納傢具與空間完美結合，
與愛貓共享北歐質感宅。

問題點 『總坪數小，在不使空間擁擠的情況下劃分不同區域。』

屋主需求 『擁有兩貓，希望整體環境能夠提供貓咪活動空間。』

　　以靜謐簡約的北歐風作為主軸，加上法式獨有的輕工業風妝點，打造出清新又充滿個性的雙人宅。同時，設計師更巧妙利用空間，不被坪數限制，讓17坪的房子可以一應俱全卻不顯得擁擠窄小。主調以灰白為基底，搭配深淺木質建材，凸顯俐落之餘不失溫馨。設計師利用六角磚做花色拼貼與客廳的木質地板無形中劃分出玄關的界線，左側設置的淺色系統櫃則提供充裕置鞋空間。客廳採直線動向延長視覺寬敞感，半落地窗搭配百葉窗讓明媚陽光毫無阻礙地射入室內，坐在窗前雙人書桌喝著和入陽光的咖啡帶來一整天的好心情。

　　客廳使用樂土打造整面清水模質感，搭配俐落的鐵件層架，收納展示兩相宜，將客廳儼然打造成藝術品。使用長虹玻璃做為隔板的半開放式廚房銜接玄關處的單人吧檯，流暢的動線讓出門也如舞蹈般順暢。單人吧檯充滿設計感同時也具備生活機能，無論是出門前的暖胃咖啡亦或是目送家人出門的溫暖問候皆適宜。除此之外，木質櫥櫃拓展收納空間也可展示收藏品。臥室採用較溫和的灰色營造舒適感，木質傢具搭配落地布窗簾更顯柔和溫馨，延續屬於北歐風的簡約，看似線條簡單的床頭櫃具備充分生活機能。兼做書房使用的多功能室設置沙發床，系統櫃結合貓跳台的設計，讓屋主在休憩的同時也能夠與愛貓相互陪伴。

所在地／新北市　**家庭成員**／夫妻＋兩貓　**格局**／客廳、餐廳、臥室、臥榻、多功能室、中島　**建材**／鐵道磚、六角磚、超耐磨木地板、鐵件、樂土、長虹玻璃

文＿賴怡年　空間設計暨圖片提供＿參拾柒號設計

以無形建材劃分空間，釋放寬敞開闊感。

動線｜一目了然的動線，視野簡單開闊

採用一字動線，選擇無形建材劃分玄關、客廳、書房等區域界線以維持寬敞視覺感受。窗邊設置半落地窗搭配百葉簾，白日明媚陽光毫無阻礙點亮室內空間。

格局｜無形隔間立大功，維持開放通透感

捨棄實體隔斷空間，選用不同地板建材無形劃分各區域，維持空間寬敞度、清楚定義各區域也讓整體空間交互合作融為一體。廚房更是使用長虹玻璃作隔間，有效阻隔油煙聲音干擾，透光的特質也維持屋內開放通透感。

使用地板建材及具有通透感的物件代替實體隔間，保留開放空間。

機能｜傢具與空間的完美結合，機能品質一把罩

在有限坪數下，將貓跳台及貓咪可活動區域與臥榻系統櫃等大型傢具結合，有效節省空間也不縮限貓咪活動筋骨的範圍。打破餐廳空間的規則，以門口中島吧檯作為替代，保有生活品質也具備便利機能。

打破固有規則，小空間裡不雜亂的生活氣息。

◌ 小宅好住的關鍵設計

平面圖計畫 | **設計前**

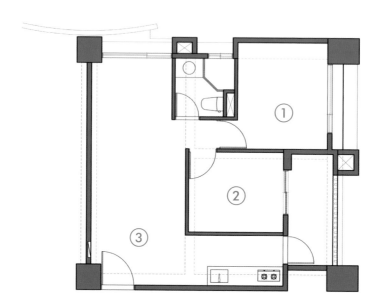

Before 問題 ─────────────────────

1. 受限於坪數，無法提供兩貓完整充足的空間活動。

2. 原格局無雙人書房之設計。

3. 無完整空間作為餐廳用途。

┤ 尺寸計畫 ├

1. 選用長130公分寬80公分的寬桌作為雙人書桌使用，充足的長寬讓兩人即使同時使用也不擁擠。
2. 書房臥榻寬度設定為120公分，作為單人床使用也沒問題
3. 利用床頭後方5公分寬的木作厚度，兼具間接照明使用，也一併安排電線插座配置。

平面圖計畫 設計後

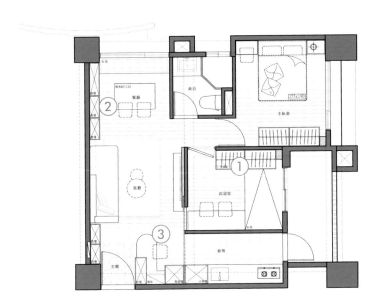

After 改造

1. 將貓跳台融入必要大型傢具，如臥榻、系統櫃等，利用底部空間打造專屬貓咪的樂園。
2. 設置法式層架作為客廳與書房界線，除去不必要實體隔斷，亦拓展收納空間。
3. 餐廳採用吧檯形式，有效利用客廳零碎空間，搭配櫥櫃的應用，具備生活機能。

Column／3

更多收納與多機能設計創意

小空間裡不只空間要有複合式功能，就連傢具、隔牆等都需有多重功用，甚至就連收納也要有更多重設計，以有效利用空間，並因應小坪數的諸多生活需求，讓生活能變得更加方便、自在。

規劃手法 1 　機能整合，滿足多重需求

Point 1─結合樓梯與收納的複合機能

雖然空間有限，居家的收納需求仍是不可忽略，將連貫上下樓層的樓梯結合櫃體做設計，同時滿足動線和收納需求，常見形式包含抽屜、開放櫃、電視牆、書櫃、餐櫃等，端看樓梯位置與空間需求而定。

Point 2─利用中島與吧檯取代餐桌增添收納

越來越多小家庭選擇以吧檯或中島取代正式餐桌，可當作廚房的延伸，也身兼劃分餐廚區域的要角。中島的基本高度與廚具相同落在 85 ～ 90 公分，若想結合吧檯形式則可增高到 110 公分左右，再搭配吧檯椅使用。一方面也可以增加中島深度，賦予廚房更多收納機能，部分空間還能提供餐廳或公共區域使用，規劃如雜誌架或杯架。

Point 3─座榻取代沙發更節省空間

座榻多是量身訂作的，因此尺寸相當靈活，若考量乘坐舒適、同時兼顧收納機能的話，高度以 35 ～ 45 公分均可，深度則60公分為

圖片提供＿王采元工作室

宜，寬度則無限制，可依現場環境及屋主需求決定。臥榻與座榻用途
類似，設計上最大差異在於深度，臥榻通常要能讓一人躺下，至少要
有容納肩寬約 60 公分，若要能舒適些則可到 90 公分，約為一張單
人床寬度。不論是臥榻或是座榻，底部也能納入抽屜或開放櫃設計，
兼具滿足收納機能。

Point 4─機能結合，共享櫃體深度

　　小坪數玄關經常因為空間過小，導致鞋櫃空間不足，此時可結合
多種機能，如:電視櫃牆、隔間牆等，利用結合櫃體共享內部空間，巧
妙解決鞋櫃空間不足的問題。

規劃手法 2　掌握合宜尺寸，小宅也能放大

Point 1—傢具比例展現小坪數的大器感

　　沙發不能過大，否則會阻礙走道空間，客廳看起來變得更小。通常會依著客廳主牆而立，二者之間需有一定比例，一般主牆面寬多落在 4 ～ 5 公尺之間，最好不要小於 3 公尺，而對應的沙發與茶几相加總寬則可抓在主牆的3／4 寬，也就是4公尺主牆可選擇約2.5 公尺的沙發與50公分的邊几搭配使用。

Point 2—考量活動舒適性，玄關深度最小需有 95 公分

　　一個成人肩寬約為 52 公分，且在玄關經常會有蹲下拿取鞋子動作，因此玄關 寬度至少先需留 60 公分以上，此時若再將鞋櫃基本深度 35 ～ 40 公分列入考量，以此推算玄關寬度最少需 95 公分，如此不論站立或蹲下才會舒適。

Point 3— 小坪數以 2～4 人餐桌為主

　　圓桌大小可依人數多寡來挑選，適用 2 人桌的直徑約 50 ～ 70 公分，四人座約 85 ～ 100 公分。 正方形桌面單邊尺寸由 75 ～ 120 公分不等，至於長方形尺寸則是四人座長寬 120×75 公分，六人座長寬約140×80 公分。小空間中建議以 2 ～ 4 人桌為主，最小方桌的尺寸可選擇 60 公分見方，且方形比圓形不佔空間。

Point 4—樓高不足時，上層空間至少需留140公分

　　若空間條件不得已，建議以下層空間的高度為優先考量，上層被迫無法站立，充當臨時客房或儲藏使用為佳。若樓高 3 米 6 而言，下層樓高建議留出 200 公分，上層高度為 140 公分，因為人體坐高 88 ～ 92 公分，再加上床墊的厚度約 12 ～ 20 公分，坐於床上最高約 112 公分，尚有餘裕。

規劃手法 3　善用格局擴增收納與放大感

Point 1—善用床頭床尾上方空間，縮減縱深解決收納

若是空間縱深或寬度不足，只擺得下一張床鋪的情況下，不如利用垂直空間，讓櫃體懸浮於床頭或床尾的上方。一般床組多會預留床頭櫃空間，或者有人忌諱壓樑問題而將床往前挪移，在缺乏擺放衣櫥空間，或者收納不足時，便可利用床頭櫃上方空間，打造收納櫥櫃，解決收納需求。

Point 2—樓梯做靠牆，空間分割單純化

若小坪數樓高足以規劃上下複層設計，盡量將樓梯規劃在空間的最邊側，留給主要生活空間最完整而寬敞的使用場域，上層空間的呈現同樣趨向簡單，整體多採取開放設計不做多餘切割，常見配置如臥房、書房、儲藏空間等，若區域面積較大亦可整合複合機能使用。

Point 3—客餐合併或餐廚合一釋放空間感

為提升坪效，避免餐廳獨立存在。但餐廳究竟要與廚房結合，還是跟客廳在一起使用；合併後是將餐廳虛級化，以吧檯或茶几取而代之，抑或是讓餐廳放大，包容起居、工作與輕食料理的機能，這些都要在設計之前先做思考，由自己的生活習慣來決定格局。

Point 4—利用上下錯層設計，提升空間利用率

小空間可多利用上下互嵌的錯層設計來爭取更多收納機能，將位於上層的房間床位直接以升高地板來取代床架，可讓下層擁有更高的空間，架高處或階梯則再善加利用作為書籍的收納。

附錄 ｜ 設計師

A Little Design

Tel：0988-151-776

Email：altdesign16@gmail.com

F Studio Design Lab

Tel：0937-535-385

Email：fstudiodesignlabb@gmail.com

KC Design Studio

Tel：02-2761-1661

Email：kpluscdesign@gmail.com

一葉藍朵設計家飾所

Tel：0935-084-830

Email：alentildesign@gmail.com

參拾柒號設計

Tel：02-2748-5883

Email：tomojay37@gmail.com

王采元工作室

Email：consult@yuan-gallery.com

六相設計

Tel：02-2325-9095

Email：phase6-design@umail.hinet.net

甘納空間設計

Tel：02-2795-2733

Email：info@ganna-design.com

向度設計

Tel：0966-437-008

Email：betweenus.design@gmail.com

共生制作

Tel：0932-205-891

Email：info.kahdesign@gmail.com

初向設計

Tel：02-2577-6280

Email：chuxiangdesign@gmail.com

知域設計×一己空間制作

Tel：02-2552-0208

Email：norwe.service@gmail.com

Studio In2 深活生活設計

Tel：02-2393-0771

Email：info@studioin2.com

理絲室內設計

Tel：04-27070766

Email：service@ris-interior.com

森叁設計

Tel：02-2325-2019

Email：sngsan02@gmail.com

湜湜空間設計

Tel：02-2749-5490

Email：hello@shih-shih.com

時雨空間設計

Tel：02-2784-4169

Email：raenstudios@raenstudiosdesign.com

蟲點子創意設計

Tel：02-2365-0301

Email：hair2bug@gmail.com

實適空間設計

Tel：0958-142-839

Email：sinsp.design@gmail.com

巢空間室內設計

Tel：02-8230-0045

Email：nestdesignmail@gmail.com

馬志成設計

Email：mazhicheng0207@foxmail.com

WeChat ID：mazhicheng0207

栖斯建筑设计咨询（上海）有限公司

Email：qisi_design@163.com

WeChat ID：qisi_design_sh

木卡工作室

Email：muka2021@163.com

WeChat ID：ath1108

羅秀達

Email：luoxiuda@163.com

QQ：2986062921

小住宅 05

房子再小都好住，小宅設計規劃書
空間變大、機能也滿足

作者	漂亮家居編輯部
責任編輯	許嘉芬
採訪編輯	黃婉貞、陳佳歆、賴怡年、TINA、CHENG、Aria、Evan、Jessie
插畫	黃雅方
美術設計	Pearl、Sophia
封面設計	Pearl
活動企劃	嚴惠璘
編輯助理	黃以琳

發行人	何飛鵬
總經理	李淑霞
社長	林孟葦
總編輯	張麗寶
副總編輯	楊宜倩
叢書主編	許嘉芬

出版	城邦文化事業股份有限公司 麥浩斯出版
E-mail	cs@myhomelife.com.tw
地址	104台北市中山區民生東路二段141號8樓
電話	02-2500-7578

發行	英屬蓋曼群島商家庭傳媒股份有限公司城邦分公司
地址	104台北市中山區民生東路二段141號2樓
讀者服務專線	0800-020-299 (週一至週五上午09:30〜12:00；下午13:30〜17:00)
讀者服務傳真	02-2517-0999
讀者服務信箱	cs@cite.com.tw
劃撥帳號	1983-3516
劃撥戶名	英屬蓋曼群島商家庭傳媒股份有限公司城邦分公司

香港發行	城邦 (香港) 出版集團有限公司
地址	香港灣仔駱克道193號東超商業中心1樓
電話	852-2508-6231
傳真	852-2578-9337

馬新發行	城邦 (馬新) 出版集團Cite (M) Sdn. Bhd.
地址	41, Jalan Radin Anum, Bandar Baru Sri Petaling, 57000 Kuala Lumpur, Malaysia.
電話	603-9056-3833
傳真	603-9057-6622

總經銷	聯合發行股份有限公司
電話	02-2917-8022
傳真	02-2915-6275

製版印刷	凱林彩印有限公司
版次	2021年8月三版一刷
定價	新台幣450元

國家圖書館出版品預行編目(CIP)資料

房子再小都好住，小宅設計規劃書：空間變大、機能也滿足 / 漂亮家居編輯部作.-- 三版.-- 臺北市：城邦文化事業股份有限公司麥浩斯出版：英屬蓋曼群島商家庭傳媒股份有限公司城邦分公司發行, 2021.08

面； 公分.-- (小住宅；05)

ISBN 978-986-408-721-1(平裝)

1.家庭佈置 2.空間設計

422.5   110011521